동네에서 만난 새

동네에서 만난
새

이치니치 잇슈 지음
전선영 옮김
박진영 감수

목차

제1장

우리 곁으로도 먹으러 옵니다
새들의 먹이 활동

억지로 밀어붙이거나 선물을 주거나
새들의 구애 행동

제2장

개성 만점 '우리 집'
새들의 둥지 짓기와 육아

제3장

누구의 소리일까? 왜 저렇게 움직일까?

제 4 장

새들의 소리와 몸짓

알수록 재미있는 새들의 생태

제5장

이럴 땐 어떻게 하나요?

가까이 사는 새들과 잘 지내려면

가장 친근한
야생동물 관찰하기

새는 우리 주변에 사는 가장 친근한 야생동물이다. 동물원에 가지 않더라도, 대자연의 품에 안기지 않더라도 집 주변을 '산책'만 해도 쉽게 볼 수 있다. '그래봤자 참새, 까치, 비둘기 정도 아냐?'라고 생각하는 사람이 있을지 모르겠다. 그런데 그런 새들도 자세히 보면 하나같이 개성이 넘친다. 게다가 눈이 트이면 내가 사는 동네 길에서 하루에도 몇 십 종이나 되는 새를 발견할 수 있다. 처음 탐조회(조류 관찰 모임)에 참가한 사람은 어김없이 놀랄 정도로, 그 종류가 다양하다.

무엇보다 새를 관찰하는 일은 그저 그것만으로도 '재미가 있다!' 새의 종류가 여러 가지여서 재밌고, 색과 모양이 여러 가지여서 재밌고, 새들의 몸짓이나 행동이 여러 가지여서 재밌다. 그저 보는 것만으로도 이렇게 재미있으니 한 번 보기 시작하면 시간을 잊고 계속 지켜보게 된다.

이 책에서는 우리 주변에 사는 새들을 관찰하며 느낄 수 있는 다양한 '재미'를 쉽고 즐겁게 소개하고자 한다. 특별한 노력 없이 평범한 일상을 살면서 관찰할 수 있는 동네 새들이 주인공이다.

'새 보기'의 즐거움

걷다 보면
운동 부족에서 탈출!

새소리에 마음도
편안해진다.

새 관찰이니 탐조니 하는 딱딱한 표현을 쉽게 옮기면 한마디로 '새 보기'다. '버드 워칭(bird watching)'이라고 하면 어쩐지 좀 어려워 보일 것 같으니 이 책에서는 대신 '새 보기'라는 말을 주로 쓰겠다.

새 보기는 매우 홀가분하게 즐길 수 있는 취미다. 새 보기에는 재미뿐 아니라 다양한 이점이 있다. 일단 걷는 즐거움이 늘어서 운동 부족이 해소되는 효과를 기대할 수 있다. 널찍한 야외에서 새소리를 듣다 보면 몸과 마음이 편안해진다. 그밖에 계절의 변화도 느낄 수 있고, 내가 사는 주변의 환경도 더 잘 알게 되는 등, 건강에도 좋고 문화적으로

봄의 시작 등 계절의 변화를
느낄 수 있다.

우리 동네 어디에 어떤 나무가
있는지 의식하게 된다.

도 유익한 취미다.

　다만 다양한 새를 만나려면 조금 알아두어야 할 것이 있다. 마음이 없으면 보아도 보이지 않고 들어도 들리지 않는다는 말도 있듯이, 아무 준비도 안 된 상태로는 새가 바로 곁에 있어도 그 모습이나 소리를 파악하기 어렵다. 아주 약간의 지식만 있으면 된다. 그러면 무의식중에 우리 동네에 사는 산새, 물새가 눈에 들어오고 지저귐이 들리는 일이 드물지 않게 생길 것이다.

오가며 '겸사겸사' 보자

출퇴근하면서 새 보기

집안일하면서 새 보기

새를 보는 데 특별한 도구나 장비는 필요 없다. 쌍안경이 있으면 더 충실하게 관찰할 수 있겠지만, 없어도 가능하다. 복장은 일반적으로는 걷기 쉬운 옷이면 되는데 산속 같은 곳이 아니라면 양복을 입든 한복을 입든 상관없다. 단, 움직일 때 소리가 크게 나는 복장은 새가 경계하기 때문에 좋지 않다.

또한 새 보기는 장소를 가리지 않는다. 누구라도 자신의 평범한 일상 속으로 새를 보는 취미를 끌어들일 수 있다. 장소는 늘 다니는 동네 산

전시동물과 야생동물의 차이

전시동물 관람.
돈을 내면 가까이에서 안전하게 관찰할 수
있는 반면에 자연에서 살 때와 같은 본래의
생태를 알기는 어렵다.

야생동물 관찰.
자연에서 실제로 사는 모습을 관찰할 수
있지만 시기나 장소에 따라 보지 못할 수도
있고, 거리가 멀어서 자세히는 볼 수 없을
때가 많다.

    책로나 통근·통학로 같은 곳으로도 충분하다. 처음에는 산책하면서, 운
동 삼아 달리면서, 회사나 학교를 오가면서 '겸사겸사' 새를 보는 방법
을 추천한다.
    관찰에 익숙해져서 좀 더 다양한 새가 보고 싶어지면 주말에 조금
멀리 나가보는 것도 좋지 않을까.

새들이 번식기에 들어가서 지저귀거나 구애하는 모습, 둥지를 만들거나 짝짓기하는 모습을 종종 볼 수 있다. 빠르면 겨울 막바지부터 번식을 시작하는 종도 있다. 여름철새가 찾아오고 겨울철새는 떠난다.

초여름은 새들이 육아로 바빠서 먹이를 입에 물고 있는 장면을 많이 보게 된다. 1년에 몇 번씩 번식하는 새도 있다. 아직 짝이 없는 수컷은 끈질기게 구애 활동을 한다.

※ 한여름 대낮은 새도 그다지 보이지 않고 사람도 열사병에 걸릴 우려가 있으므로 새 보기를 그다지 권하지 않는다.

일반적으로 새들은 아침에 활발하고 잘 지저귀며 찾아보기도 쉽다고 알려져 있다. 출근하거나 등교하는 시간대가 새를 보기에 안성맞춤이다. 하지만 겨울에는 기온이 올라가지 않으면 새들이 그다지 움직이지 않아서 무조건 아침 시간이 낫다고는 할 수 없다. 관찰자가 편한 시간대를 골라 무리 없이 새를 보기를 권한다. 초보자라면 계절로는 '겨울'이 좋다. 봄부터 여름까지는 새들이 잘 지저귀므로 소리를 즐길 수 있지만 잎이 무성한 계절이니만큼 그 모습을 찾아내기가 조금 어렵다. 이파리가 떨어져 앞이 잘 보이는 겨울이 새를 관찰하기에 더 낫다.

작은 새들이 무리를 짓고 산과 들에 머물던 새도 대부분 평지로 내려온다. 물가는 여기저기서 모여든 오리류 때문에 떠들썩하다.

※ 겨울은 나뭇잎이 져서 숲에 사는 새들이 잘 보이고, 물가에도 겨울철새인 오리 같은 새들이 늘어나서 초보자가 특히 새를 보기 좋은 계절이다.

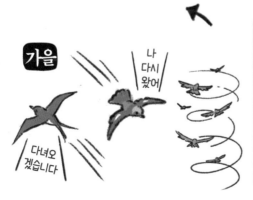

일부 새를 제외하면 지저귀는 소리는 그다지 들리지 않는다. 새들이 나무 열매를 많이 따 먹는다. 겨울철새가 찾아오고 여름철새는 떠난다. 매의 무리가 상승기류를 타고 기둥 모양으로 선회하는 등, 봄보다 떼 지어 이동하는 모습을 쉽게 볼 수 있다.

발견 포인트

시내

새를 보러 나섰다가 새를 찾지 못했을 때는 새의 마음을 헤아려보면 좋을 듯하다. 거기서 노래하면 주목받을 법한 눈에 띄는 우듬지(나무줄기의 끝부분), 목욕하기 좋아 보이는 물가, 먹음직한 열매가 열린 나무 등, 새의 마음을 약간만 헤아려도 찾아낼 확률이 크게 높아진다. 그런 예측과 발견이 쌓이고 쌓여 새를 찾아내는 눈이 길러진다.

앞에서 이야기했듯 초보자가 새를 보기 쉬운 계절은 겨울이다. 겨울에는 산지에서 평지로 내려오는 새도 있고 물가에 오리류 같은 겨울철새도 늘어난다. 매일 다니던 장소에서도 더 많은 종류를 볼 수 있으므로 주의 깊게 살펴보자.

공원

나무 위

가지 끝

나무줄기나 가지

삼림의 지표면

잔디밭

풀밭

하천·호수·연못 주변

뻗어 나온 가지

물가

수면

돌이나 말뚝 위

주의해야 할 매너

사람과 새 사이

둥지 속 모습을 장시간 관찰했더니
새가 둥지를 버리고 떠나버렸다.

촬영하려고 너무 가까이 다가가는 바람에
새들이 화들짝 놀라고 말았다.

그밖에 둥지를 튼 새를 사람들이 무리 지어 관찰했더니 뱀이나 까치 같은
포식자가 나타나서 알과 새끼를 잡아먹어버린 사례도 있다.

새 보기는 누구라도 가볍게 어디에서나 할 수 있는 취미지만 대상이
야생동물이니만큼 배려해야 할 것이 있다. 똑같이 새를 보러 나온 사람
들 사이에서 말썽이 빚어지기도 한다. 말하자면, 새를 볼 때의 '매너'가
종종 문제가 된다.

좋은 사진을 찍거나 희귀한 새를 쫓아다니는 일은 즐겁고 보람 있지
만, 새를 보는 데만 푹 빠져 있다 보면 자기도 모르게 주의를 놓치는 수
가 있다. 항상 주변을 배려하며 행동을 조심해야 한다. 또한 초보자라

말소리가 크거나 곧잘 소음을 내는 사람이
다른 사람도 관찰 중인 새를 쫓아버렸다.

관찰에 열중하다 자기도 모르게
일반인의 통행을 방해하고 말았다.

사유지임을 알아차리지 못하고
무단 침입해서 땅 주인을 곤란하게
만들었다.

면 자기 나름대로 신경을 쓴다고 썼는데도 무심코 새를 놀라게 할 때
가 있다. 그렇다고 지나치게 예민하게 굴어도 새 보기를 즐기지 못한
다. 큰 낭패를 보지 않도록 조심하면서 사소한 실패는 다음 기회를 위
한 밑거름으로 삼자. 경험이 쌓이면 사람과 야생동물 사이의 거리감을
자연스럽게 이해하게 된다.

제1장

우리 곁으로도
먹으러 옵니다

새들의 먹이 활동

금강산도 식후경!
강경책으로 꿀을 얻다

벚꽃을 입에 문 참새

벚꽃이 피는 3~4월 무렵에는 꽃의 꿀을 찾아서 동박새, 직박구리 같은 새가 벚나무에 많이 날아든다. 참새도 찾아오지만 부리가 크고 짧은 데다 혀도 딱히 섬세하지 않아서 좀처럼 꿀을 잘 빨지 못한다.

그래도 포기하지 않는 참새는 강경책을 쓴다. 놀랍게도 꽃을 봉오리째 뜯어내서 씨방에서 꿀을 빨아 먹는다. 뜯지 않고 꽃받침에 구멍을 내서 빨아들이기도 한다. 박새나 목도리앵무(한국에는 없는 종. 일본에서 야생화한 외래종이다) 같은 새도 비슷하게 꿀을 훔쳐 먹는다. 벚꽃이 활

벚꽃의 꿀샘 (단면도)

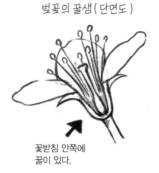

꽃받침 안쪽에
꿀이 있다.

박새

목도리앵무

참새에게 꿀을 빨린 벚꽃.
꽃잎이 아니라 봉오리째 떨어져 있다.

짝 피는 시기가 되면 부자연스럽게 뜯어진 꽃이 나무 밑에 떨어져 있는 광경을 종종 볼 수 있다. 떨어진 꽃을 잘 살펴보면 재미있지 않을까.

대체로 새의 부리와 혀는 다음에 소개할 동박새처럼 주식이 되는 먹이를 먹기에 알맞은 구조로 진화했다. 그러나 벚꽃의 꿀을 빨 수 있게 된 참새가 있듯이 타고난 자질에 얽매이지 않고 지혜를 짜내어 성공을 거머쥔 개체도 많이 있다. 벚나무로서는 꽃가루받이를 돕지 않고 꿀만 훔쳐 먹는 참새가 귀찮기만 한 존재일지 모르지만, 그 억척스러운 삶의 자세는 사람도 본받을 구석이 있는 것 같다.

동백꽃에 남은 수수께끼 구멍과
긁힌 상처의 원인은?

동백꽃을 꽉 붙잡고 있는 동박새

동박새는 꽃의 꿀맛을 아주 좋아하는 새다. 꽃의 꿀샘에 다다르기 쉽도
록 부리는 가늘고 길쭉하다. 혀는 관 모양의 빨대 같은 구조에 끝이 솔
처럼 생겼다. 그야말로 꿀을 빨기 위해 진화했다 싶은 구조다.

　동박새는 긴 발톱으로 꽃이나 그 주변을 꽉 붙잡고서 꿀을 핥아먹는
다. 몸이 작고 무게도 적게 나가 동백꽃 정도는 간단히 붙잡을 수 있다.
이때 발톱에 걸린 꽃잎에 구멍이나 상처가 생긴다.

동박새의 혀끝은
솔처럼 갈라져 있다.

동백꽃에 난 구멍과 상처는
동박새의 발톱 흔적이다.

직박구리도 꽃가루를 부리에 묻히며
꿀을 빤다. 과즙이나 수액 등도 핥아
먹는다.

벚꽃, 매화, 목련, 진달래, 알로에, 비파나무 등 여러 가지 꽃을 찾아가지만, 특히 겨울에는 동백꽃을 즐겨 찾는다. 동백 꿀을 빨고 난 동박새의 부리에는 꽃가루가 묻어 있다. 흔히 식물의 꽃가루는 바람이나 곤충에 의해 운반된다고 알려져 있지만 이처럼 새의 도움을 받는 꽃도 있다. 이를 조매화鳥媒花라고 부른다.

겨울은 곤충의 활동이 적은 계절이어서 겨울에 피는 동백꽃으로서는 꽃가루를 날라다 주는 동박새가 아주 고마운 존재다. 동박새 입장에서도 먹이가 적은 시기에 맛있는 꿀을 따 먹을 수 있으니, 서로 이로운 관계라고 할 수 있다.

꽃잎도 이파리도 모두 따 먹는
호기심 왕성한 새

직박구리도 꽃 꿀을 좋아한다. 동백나무나 벚나무에
자주 찾아오는데 때때로 꽃잎까지 먹어버린다.

이제 막 새를 보기 시작한 사람이 참새, 까치, 비둘기 다음으로 기억하는 것은 대개 찌르레기 아니면 이 새, 직박구리다. 찌익찌익—, 큰 소리로 울어서 "이건 무슨 새소리지?" 하고 자주 물어보는 새이기도 하다.

직박구리는 곤충, 과실, 씨앗 등 다양한 것을 먹는 잡식가이지만 때로는 놀랄 만한 것까지 먹어버린다. 동백꽃의 꿀을 핥나 싶더니 갑자기 꽃잎을 통째로 먹기 시작하고, 굴거리나무의 이파리마저 먹으니 조류 중에서도 어지간히 입맛이 거칠다고 할 수 있다. 겨울에는 잎채소도 먹어버려서 농가에선 썩 성가신 존재다. 이때 직박구리가 먹은 흔적은 이

직박구리가 이파리를 먹은 흔적.
박각시 애벌레가 갉아먹은 흔적은 둥글지만
새가 먹은 흔적은 이렇게 직선 모양이다.

새에게 쪼인 나비 날개

파리를 갉아먹는 박각시 애벌레의 흔적과 달리 직선 모양을 이루는 것
이 특징이다. 새가 쪼아먹은 나비 날개 따위에서도 비슷한 흔적이 발견
된다.

　직박구리는 먹이를 찾는 데 매우 능숙하다. 날아다니며 매미도 잡아
먹고 작은 꽃의 꿀도 수월하게 빨아먹는 등 능력이 좋아 먹거리에 쪼
들리지는 않을 듯하다. 그저 호기심이 강해서 욕심껏 이런저런 먹거리
에 도전해보는 모양인데, 그래서 우리 곁에서 이렇게까지 번성할 수 있
었는지도 모르겠다.

종종걸음으로 먹이를 찾는
희고 검은 새

꼬리를 위아래로 잘게 흔드는, 흰색과 검은색이 섞인 새를 더러는 보았을지도 모르겠다. 일본에서는 도시 편의점 앞에서도 흔히 볼 수 있는 텃새라 '편의점 새' '주차장 새'라는 별명으로 불리기도 하지만 우리나라에서는 흔치 않은 풍경이다. 정식 이름은 백할미새다. 할미새과의 영어 이름인 'Wagtail'도 꼬리(tail)를 흔드는(wag) 새라는 뜻이다. 꼬리를 흔드는 이유는 상세히 밝혀지지 않았지만 천적을 '경계'할 때 자주 흔든다는 연구 결과가 있다.

우리나라에서는 아직 텃새로 정착하지 않은 겨울철새다. 겨울에 매우 다양한 환경에서 볼 수 있는데 주로 풀밭이나 하천 부지, 농지 부근에서 눈에 띈다. 땅 위를 종종걸음치며 먹이를 찾지만 날아다니는 곤충을 공중에서 잡는 솜씨도 훌륭하다. 사람에 대한 두려움이 크지 않아서 가까이 다가오기도 한다. 꼬리를 흔들며 이쪽을 빤히 바라보는 몸짓이 마치 간식을 조르는 아이처럼 귀엽지만, 섣불리 먹이를 주어 길들이려는 행위는 삼가자.

할미새류는 종종 꼬리를
위아래로 흔든다.

사람이 떨어뜨린 빵 부스러기나
불빛에 모여든 벌레 등을 먹는다.

백할미새.
일본에서는 텃새지만 우리나라에는 겨울에만 찾아오는 철새다.

비슷한 종으로 검은등할미새가 있는데 얼굴 생김새와 울음소리는 크게 다르다.

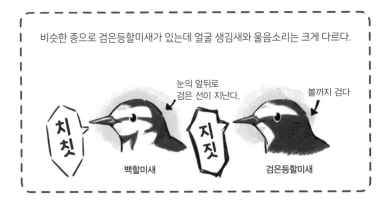

눈의 앞뒤로
검은 선이 지난다.

볼까지 검다

치칫

지짓

백할미새

검은등할미새

기름진 음식을 좋아해서
비누까지 먹어 치우다?

옥외 수도에서 비누를 훔치는 큰부리까마귀.
비누도 유지로 만든 것이어서 먹을 수 있다고
생각했을까?

큰부리까마귀는 도시에서도 흔히 볼 수 있는 새다. 하지만 영어 이름이 'Jungle crow'인 데서 알 수 있듯이 삼림에서부터 도시의 번화가에 이르기까지 폭넓게 서식한다. 자연에서는 곤충이나 나무 열매 등 다양한 것을 먹으며 산다. 특히 육류 등 기름진 먹이를 좋아해서 거의 육식에 치우친 잡식성으로 알려져 있다. 동물 사체도 잘 먹어서 자연계의 청소부scavenger 역할을 맡고 있다.

쓰레기 속에서 비계나
감자칩을 찾아 먹는다.
마요네즈도 무척
좋아한다.

자연계에서는
죽은 고기를
먹어 처리하는
청소부

한편 도시에서는 사람이 버린 쓰레기를 뒤져서 먹이를 찾는다. 그중에서도 역시 기름진 것(고기 비계, 감자칩, 마요네즈 등)을 찾아내면 기꺼이 먹는다. 지방분이 많은 고열량 음식은 날기 위해 몸을 늘 가볍게 유지해야 하는 새들에게도 좋은 먹이인 모양이다.

일본에서는 옥외 수도에 비치해둔 비누를 까마귀가 가지고 가버렸다는 놀라운 관찰 사례도 있었다. 비누도 유지로 만든 것이므로 먹이로 인식했을지 모른다. 다만 그다지 맛은 없는지 조금 쪼다가 그만둔다고 한다.

사람을 이용하는
잔머리의 귀재

신호를 기다리는 차 앞에 호두를 놓아두고는
바퀴에 껍데기가 깨지면 먹는다.

까마귀는 머리가 좋기로 유명한데, 먹이를 먹을 때도 다른 새에게서는
볼 수 없는 고도의 기술을 사용할 때가 많다. 예를 들어 호두나 조개를
높은 곳에서 떨어뜨리는 행동이 자주 관찰된다.

호두는 껍데기가 단단해서 까마귀라고 해도 그걸 직접 깨기란 하늘
의 별 따기다. 그래서 높은 데까지 날아올라서는 지상으로 떨어뜨려 깨
먹는다. 깨지지 않으면 다시 떨어뜨리기를 시도한다. 주로 딱딱한 도로
나 하천 부지의 돌 위에 제대로 맞춰서 떨어뜨린다고 한다. 갈매기 같

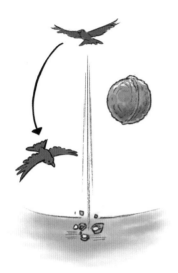

상공에서 딱딱한 도로로
호두를 떨어뜨려 껍데기를 깬다.

갈매기도 조개를
떨어뜨려서 깨 먹는다.

은 새도 상공에서 조개를 떨어뜨려 깨는 행동이 관찰되었다.

까마귀는 또한 자동차를 이용해 호두를 깨는 모습도 종종 관찰된다. 차가 지나는 곳에 미리 호두를 놓아두고 바퀴가 껍데기를 밟아 깨지면 주워 먹는다. 빨간불 앞에서 정차한 차 앞에 호두를 놓아두고는 껍데기가 깨져도 파란불이 켜진 동안은 가까이 다가가지 않고 빨간불이 들어오면 먹으러 날아온다고도 한다. 일본 도호쿠 지방에서 이 사례가 처음 보고되었고 이후로 다른 지역에서도 관찰되고 있다.

까마귀가 많은 동네에 살고 있다면 한 번쯤 관심 있게 살펴보자. 도로에 부자연스럽게 깨진 조개껍데기나 호두가 떨어져 있다면 까마귀 짓일지도 모른다.

노리고 있는 것은 당신…이 아니라
당신의 음식

솔개는 사람의 등 뒤로 날아온다.
일본 관광지에서는 사람의 음식을
빼앗는 것을 학습한 개체도 있다고
한다.

"삐-효로로…" 지저귀며 느긋하게 하늘을 맴도는 솔개. 소리개라는 이름으로 불리기도 하지만 표준어는 솔개다. 워낙 잘 날아서 일본에서는 '날다'라는 뜻의 '도부飛ぶ'에서 이름을 따 '도비トビ'라고 부른다.

대형 맹금류이지만 성질이 온순하고 사냥에도 적극적인 편은 아니다. 작고 약한 동물이나 사체를 주로 먹이로 삼는다. 까마귀와 나란히

소리개라고도 불리는 솔개.
떼 지어 날아다닌다.

자연계의 청소부 역할도 맡고 있다. 얄보고 덤비는 까마귀에게 쫓겨 다니는 일도 잦아 어쩐지 미워할 수 없는 존재다.

하지만 이런 온화한 솔개도 사람이 잔뜩 모인 관광지에서는 주의해야 한다. 일본에는 '솔개에게 유부를 빼앗기다'라는 속담이 있는데, 느닷없이 남에게 소중한 것을 빼앗긴다는 뜻이다. 사람을 유심히 관찰하던 솔개가 등 뒤로 날아와서 먹던 음식을 훔쳐 가는 말썽이 해변 관광지에서 자주 일어난다고 한다. 솔개에게 사람 자체를 덮치려는 의도는 없지만 대형 맹금류이니만큼 발톱에 긁혀 상처를 입을 수도 있다. 하지만 이는 솔개가 전국적으로 매우 흔한 일본의 사례이고, 우리나라에서는 부산, 거제 지역에서 텃새로 볼 수 있지만 그 숫자가 많지는 않다.

음식을 빼앗고는
재빠르게 날아가버린다.

새털이 우수수 흩어져 있는 흔적,
대체 누가 이런 짓을?

사냥감을 잡아 깃털을 뽑는 참매.
고양이 같은 동물과 달리 깃털의
줄기까지 깔끔하게 뽑는다.

공원의 덤불 속처럼 사람 눈이 닿기 어려운 곳에 새털이 많이 흩어져
있을 때가 있다. 맹금류가 새를 습격한 흔적이다. 맹금류는 붙잡은 사
냥감의 깃털을 잡아 뽑는 습성이 있으므로 사냥을 마치고 나면 주위에
대량의 깃털이 남는다.

　도시 근교에서 참매에게 습격당한 비둘기의 깃털을 드물게 볼 수 있
다. 참매는 멸종위기종이지만 최근 몇 년 사이 수가 늘어나서 우리 주
변에서 볼 기회가 많아졌다. 특히 겨울에는 중국과 러시아에서 번식한
후 우리나라를 찾는 참매도 늘어나고, 국내에서 드물게 번식하는 참매

집비둘기의 깃털

둘째날개깃

첫째날개깃

꼬리깃

반솜털깃   솜털깃

새털이 놀랄 만큼 많이 흩어져 있는데 깃털의 줄기까지 깔끔하게 남아 있다면? 참매에게 희생 당한 흔적일 가능성이 높다. 이 깃털의 주인공은 집비둘기다.

도 평지로 내려오므로 다른 계절에 비해 발견하기 쉽다.

고양이가 비둘기를 덮치는 사례도 있지만 이 경우 매처럼 깃털을 깔끔하게 뽑지 못하고 우지직 뽑아버린다. 참매는 새털을 한 가닥 한 가닥 깔끔하게 뽑아내므로 깃털의 줄기까지 고스란히 남는다. 이렇게 새털이 어지러이 흩어져 있는 현장은 마치 사냥감을 '조리'한 장소 같다. 참매는 희생물의 깃털을 다 뽑아버린 후 먹을 수 있는 부분만 가지고 가버린다.

고양이나 족제비에게 당해서 떨어진 집비둘기 깃털이라면 깃털 줄기가 꺾여 있을 때가 많다.

가여운 참새와 개구리가
꼬치에 꿰인 이유

부리는 갈고리 모양

나무 가시에 먹이를 꿰어둔 때까치

껙! 께께께께—, 다른 새가 그다지 울지 않는 가을에 요란하게 지저귀는 새가 있다. 때까치다. 아는 사람도 많겠지만 때까치는 다른 새에게서 볼 수 없는 희한한 습성을 하나 갖고 있다. 바로 먹이를 나뭇가지나 가시에 꿰어두는 것이다. 때까치가 사는 근방에 가시철사나 가시나무가 있다면 한번 찾아보자. 가엾게도 꼬치처럼 꿰인 작은 동물이나 곤충이 눈에 띌 것이다.

때까치는 곤충이나 도마뱀, 개구리 같은 작은 생물부터 제비, 쥐 등 자기와 몸집 차이가 별로 없는 생물까지도 잡아다가 꼬치 꿰듯 꿴다.

꼬치를 많이 만들어놓고
번식 전에 잔뜩 먹은 수컷

노래 실력이 좋아져서
커플이 될 확률이 높다.

꼬치를 그다지 만들어놓지 않은 수컷

구애에 쓸 에너지가 부족하다.

심지어 새끼 거북이마저 나뭇가지에 꿰어버린다. 그렇게 하는 이유로 먹이를 저장하기 위해서라는 둥, 영역을 과시하기 위해서라는 둥 여러 설이 있는데, 최근 연구에 따르면 꼬치를 꿰는 한 가지 주된 이유가 수컷의 짝짓기를 위한 활동이라는 사실이 밝혀졌다. 번식기에 들어갈 무렵, 수컷은 꼬치로 만들어놓은 먹이를 잔뜩 먹음으로써 노래를 더 잘 부르게 된다고 한다.

나뭇잎이 지는 가을부터 겨울까지는 때까치가 나뭇가지에 꽂아놓은 먹이를 쉽게 찾아볼 수 있다. 평소 때까치가 활동하는 영역 주변에서 이런 꼬치 찾기를 해보는 것도 재미있지 않을까?

곤충 사체가 토막 나
땅에 떨어져 있다면

솔부엉이. 봄에 우리나라와
일본, 중국에 건너와서
여름을 지내고 가을 무렵에
동남아시아로 향한다.

솔부엉이와 올빼미

솔부엉이는 몸길이가 30cm에 못 미치는
크기로 주로 곤충류를 먹는다.
올빼미는 몸길이가 약 38cm 정도이고
주로 소형 포유류, 작은 새 등을
잡아먹는다.

푸른 잎이 무성한 6~7월 무렵에 나지막한 산을 걷다 보면 몸뚱이가 조각조각 흩어진 채 길에 떨어져 있는 곤충 사체를 볼 때가 있다. 딱딱한 날개나 외피만 남아 있다면 아마도 범인은 솔부엉이일 것이다. 솔부엉이는 여름이면 찾아오는 여름철새로 올빼미의 사촌이다. 올빼미는 보통 쥐나 작은 새를 사냥하지만 올빼미보다 한참 작은 솔부엉이는 주로 곤충을 사냥한다.

막 우리나라에 도착하면 긴꼬리산누에나방 같은 큰 나방류를 즐겨 먹는다고 하며, 그래서 먹기 어려운 날개만 바닥에 떨어져 있을 때가 있다. 여름에는 장수풍뎅이나 사슴벌레 같은 갑충류를 많이 먹어서 딱딱한 외피 부분만 뿔뿔이 흩어진 채 떨어져 있는 모습을 발견할 수 있다. 이런 사체가 발견된 현장 위로 새가 앉아 있기에 딱 좋은 나무가 있다면 솔부엉이 짓이라고 생각해도 된다.

솔부엉이는 줄기에 구멍이 움푹 팬 큰 나무가 있는 환경을 좋아하고, 사람들이 사는 마을 근처까지 찾아오기도 한다. 야행성이라 낮에는 나무 위에서 잠잘 때가 많아서 모습을 보기 힘들지만, 초여름에는 마을 가까이 산언저리의 절 같은 곳을 지나다 보면 먹이 흔적을 발견할 수 있을지 모른다.

솔부엉이에게 잡혀 뿔뿔이 조각난 장수풍뎅이와 나방의 날개. 동네 야산 같은 진근한 장소에서도 볼 수 있다.

공원 연못에
'죽순'처럼 솟아 있는 새

댕기흰죽지

논병아리

물구나무를 서서 먹이를 찾아 먹는 고방오리
(오른쪽 끝이 암컷, 그 왼쪽이 수컷). 그 옆에
댕기흰죽지와 논병아리는 잠수를 잘하는 종이다.

공원 연못에서 아티스틱스위밍(싱크로나이즈드스위밍의 새 이름) 하듯
엉덩이를 치켜들고 물구나무선 오리를 본 적 있는가? 그렇게 수면 위

엉덩이를 수면 위로 내밀고 물구나무선 모습이 꼭 죽순 같다.

로 솟아난 엉덩이 모양새를 종종 '죽순'에 비유하는데, 그 모습이 워낙 귀여워서 새를 관찰하는 사람들 사이에서 제법 인기다. 그럼 죽순이 된 오리들은 도대체 무엇을 하는 걸까?

아무래도 오리들은 물속에 있는 수초를 먹고 있는 모양이다. 오리류는 잠수를 잘하는 종류와 그렇지 않은 종류로 나뉘는데, 후자는 잠수 대신 이렇게 '물구나무서서 먹이 먹기'를 잘한다. 오리류 외에 백조류, 기러기류 등 다른 물새에게서도 볼 수 있는 습성이다. 물가로 가면 먹이가 있는데도 굳이 이렇게 안쪽에서 물구나무까지 서가며 물밑의 먹이를 찾는 까닭은 역시 새들에게 안전한 장소이기 때문이다.

겨울에는 많은 물새가 하천과 연못에 찾아온다. 오리의 물구나무서기도 관찰하기 쉬운 시기다. 특히 고방오리는 목이 길어 수초를 따기가 더 쉬워서인지 이 물구나무 자세를 종종 취한다.

같은 장소를 빙글빙글 맴도는
수수께끼 집단

겨울이 되면 수면에서 부리를 뻐끔뻐끔 움직이면서 떼를 지어 같은 방향으로 빙글빙글 맴도는 오리를 종종 볼 수 있다. 부리가 크고 넓적해서 넓적부리라고 부른다. 부리가 삽처럼도 생겼다고 해서 영어 이름은 'shoveler'다. 넓적부리는 이렇게 큰 부리로 먹이를 물째 건져 올린 다음 '판치'라고 하는 빗처럼 생긴 돌기를 이용해 물만 밖으로 빼내고 플랑크톤 등을 걸러 먹는다.

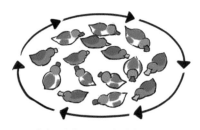

넓적부리의 소용돌이 먹이 찾기.
종종 떼를 지어 빙글빙글 맴돈다.

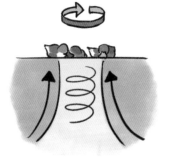

물 밑에 소용돌이가 생겨서 플랑크톤이 수면 가까이 올라오는 걸까?

그러면 떼를 지어 빙글빙글 맴도는 이유는 뭘까? 두 마리만 모여서 할 때도 있지만 때로는 50마리 정도가 모여 빙글빙글 맴돈다. 시계 방향으로 돌기도 하고 반시계 방향으로 돌기도 하는데 집단행동이 분명하지만 그 자세한 이유는 아직 밝혀지지 않았다. 일설에 따르면 물속에 소용돌이를 일으켜서 먹이가 될 플랑크톤을 끌어올리는 행동이라고 한다.

넓적부리의 먹이 행동. 큰 부리로 물째
건져 올린 다음 판치로 플랑크톤 등을
걸러 먹는다.

판치.
새에겐 이빨이 없지만 오리류는
이런 빗 모양 돌기를 갖고 있다.

'뒤적뒤적 킥'으로
물고기를 잡는 새

수조를 발끝으로 뒤적여서
물고기를 쫓는다.

뒤적
뒤적

탑

도망치려는 먹이를
재빠르게 붙잡는 쇠백로

사람의 행동

뒤적   뒤적

파문 고기잡이.
수면에 파문을 일으켜 물고기로 하여금
벌레가 떨어졌다고 착각하게 만든 후
수면으로 올라올 때 잡아먹는다.

물고기를 잡는 방법 가운데 뒤적뒤적 물속을 헤집어 잡는 방법이 있다. 어린 시절 강에서 물놀이할 때 누구나 한 번쯤 해보았을 것이다. 물가에 그물을 쳐놓고 수초나 강바닥을 발길질로 뒤적이며 물고기를 그물 안으로 몰아서 잡는 방법 말이다. 어류학계에서는 물고기를 조사할 때 발로 시료를 채취하는 이런 방식을 두고 좀 멋들어지게 '킥 샘플링kick sampling'이라고 부른다.

쇠백로가 이와 비슷한 방식으로 물고기를 잡는다. 발끝으로 물속을 뒤적뒤적 헤집어 도망치려는 물고기나 가재를 잡아채는 것이다. 긴 발가락과 긴 목, 날카로운 부리를 가진 새라서 가능한 기술이라고 할 수 있다.

쇠백로는 부리로 수면을 쪼아 파문을 일으켜서 물고기로 하여금 먹이(벌레)가 수면에 떨어졌다고 착각하게 만든 후 잡아먹는 '파문 고기잡이' 방식으로도 먹이를 얻는다. 약간의 수고를 더해 영리하게 먹이를 구하는 쇠백로를 보면 절로 감탄이 나온다.

루어 낚시의 명수!
가짜 먹이를 사용할 줄 아는 새

검은댕기해오라기가 사용하는 가짜 미끼는
잎, 꽃잎, 곤충 등이다.

사람이 사용하는
가짜 미끼

사람은 물고기를 잡을 때 바늘에 미끼를 꿴다. 살아있는
미끼를 쓰기도 하고, 루어(가짜 미끼)를 쓸 때도 많다. 루어
라면 낚싯바늘에 먹이를 갈아 끼우지 않아도 되고, 살아있
는 미끼가 거북한 사람도 즐겁게 낚시를 할 수 있다.

물속의 물고기가
자기 먹이라고 생각해서
수면으로 다가온다.

검은댕기해오라기와 해오라기의 차이

검은댕기해오라기의 눈은 노랗다.
깃털 한 장 한 장의 테두리가 하얗고,
조릿대 잎 모양이다.

해오라기는 눈이 붉다.

조류 중에서도 루어 낚시를 하듯 먹이를 잡는 새가 있다. 백로과 새들이 그 주인공인데, 특히 검은댕기해오라기와 해오라기의 루어 낚시 솜씨가 유명하다. 이 새들은 먼저 식물의 잎이나 꽃잎, 작은 나뭇가지 같은 것을 수면에 띄워놓는다. 그리고 때때로 그것을 쿡쿡 쪼아서 마치 살아 움직이는 것처럼 보이게 하고서는… 다가오는 물고기를 꿀꺽 한다. 루어가 아니라 진짜 벌레를 사용할 때도 있다.

파문을 일으켜 물고기를 잡는 쇠백로와 같은 새도 그렇지만 백로과 새들은 사냥감을 쫓아다니며 먹이를 구하지 않는다. 대신 자신은 그다지 움직이지 않고 가까이 온 사냥감을 긴 목과 부리로 재빠르게 붙잡는 '대기'형 사냥꾼이다. 사냥을 더욱 효율적으로 하기 위해 이런 루어 낚시 기술도 습득한 모양이다.

자기 머리보다 큰 먹이도
통째로 삼키는 새

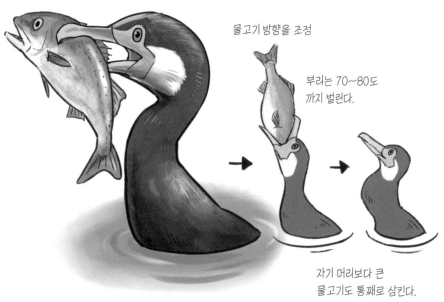

물고기 방향을 조정

부리는 70~80도
까지 벌린다.

자기 머리보다 큰
물고기도 통째로 삼킨다.

부리 끝이 갈고리 모양이어서
붙잡은 물고기를 놓치지 않는다.

남의 말을 충분히 이해하지도 않고 통째로 그냥 받아들이는 사람이 있다. 마치 민물가마우지나 가마우지가 먹이를 삼킬 때처럼. 실제로 일본에서는 이런 묘사를 흔히 쓴다.

민물가마우지는 하천과 호수 어디에서나 볼 수 있는 물새다. 이 새가 먹이를 구하는 모습을 관찰하다 보면 남의 말을 덥석 받아들이는 것을 왜 그 행동에 빗대었는지를 잘 알 수 있다. 민물가마우지와 가마우지는 물속으로 잠수해서 물고기를 사냥하는데 아무리 큰 사냥감도 통째로

가마우지처럼 삼키다

민물가마우지

눈 주변에 있는 노란 부분의 형태,
볼의 흰 부분의 넓이가 다르다.

가마우지

꿀꺽 삼켜버린다.

때로는 자기 머리의 배나 되는 잉어도 능숙하게 방향을 조정해서 머리를 식도와 일직선이 되도록 치켜든 다음 쑥 삼켜버린다. 그렇게 큰 것을 통째로 삼키다니, 배탈이 나지 않을까 걱정스럽기도 하지만 원래 새는 이빨이 없어서 먹이를 일단 삼킨 후 몸 안에서 소화할 수밖에 없다. '가마우지처럼 삼킨다'라는 말이 그래서 나왔다.

정보가 넘쳐흘러 낮이고 밤이고 가짜 뉴스가 날아드는 현대 사회에서는 특히 무엇이든 가마우지 먹이 삼키듯 덥석 삼키는 일이 없도록 주의해야 한다. 이 책에 쓰여 있는 것들도 몇 년 후에는 낡은 정보가 될 가능성이 있다. 변명 같겠지만, 가마우지처럼 그저 넙죽 받아들이지 말고 다른 지식이나 경험과 더불어 활용해준다면 그보다 다행스러운 일도 없을 것이다.

어뢰 나르듯 먹이를 들고 날다

물고기를 어뢰 나르듯
들고 가는 물수리

맹금류라고 하면 다른 조류나 포유류를 사냥하는 이미지가 강할지 모르지만, 물고기를 전문으로 사냥하는 종류도 있다. 바로 물수리다.

물수리는 호수나 하천의 상공을 날아다니며 먹이를 찾고, 사냥감을 발견하면 목표물을 향해 공중에서 물속으로 단숨에 기세 좋게 파고든다.

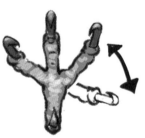

발 바깥쪽에 있는 네 번째
발가락의 가동범위가 넓다.

작은 새들은 기본적으로
먹이를 입에 물고 나른다.

솔개나 독수리는
물고기를 잡아도
어뢰 옮기듯 들지는 않는다.

어뢰를 탑재한 함상 공격기

능숙하게 물고기를 잡고 나면 날아올라 먹기 좋은 장소로 옮기거나 둥지로 돌아간다. 이 물수리가 물고기를 나를 때 들고 가는 방법이 독특한데, 두 다리를 앞뒤로 가지런히 일직선으로 만들고, 물고기 머리를 진행 방향에 둔다. 사람들 눈에는 마치 물수리가 어뢰를 싣고 가는 것처럼 보이기도 한다. 이렇게 옮기는 것은 공기저항을 줄이기 위해서라고 추정된다.

물수리는 발가락이 비늘로 덮여 있어 잘 미끄러지지 않을 뿐더러 발가락 가동범위가 넓어서 어뢰처럼 들고 가도 어지간해서는 물고기를 떨어뜨리지 않는다. 물고기 전문 사냥꾼답게 진화한 것이다.

제비가 낮게 날면
곧 비가 내린다고?

습도가 낮을 때(맑음)는 높게 난다.

습도가 높을 때(곧 비)는 낮게 난다.

'제비가 낮게 날면 비가 온다'는 속담이 있다. 제비는 대부분 시간을 공중에서 보내고, 먹이가 되는 곤충도 날아다니며 잡아먹는다. 곤충들은 저기압이 되어 습도가 높아지면 어째선지 지면 가까이로 날아다닌다. 그래서 곤충을 쫓는 제비도 낮게 날게 되고, 사람들은 그 모습을 보고 곧 비가 올 거라고 예측할 수 있었다는 얘기다.

참새가 목욕하면 맑다.
날이 건조한 것을 알아
차리고 목욕하는 것일
수도 있다.

때까치가 높게 울기 시작한 지
75일째에 서리가 내린다.
때까치는 가을에 높고 날카로
운 소리로 울기 시작한다. 그로
부터 75일 후에 서리가 내린다
고 하여 옛사람들은 농사일의
기준으로 삼았다.

꺽께께
께-

이처럼 자연을 관찰해서 날씨를 예측하는 일을 옛사람들은 '관천망
기觀天望氣'라고 하여 다양하게 표현해 왔다. 지금은 텔레비전이나 스마
트폰으로 훨씬 정확한 일기예보를 알 수 있지만, 일기예보가 없던 시대
부터 사람들은 자연을 잘 이해하고 관찰함으로써 날씨를 예측하려고
했다. 생물과 관계있는 예로는 '참새가 목욕하면 맑다' '때까치가 높게
울기 시작한 지 75일째에 서리가 내린다' '개구리가 울면 비가 내린다'
'거미집에 아침 이슬이 맺히면 맑다' '벌이 낮게 날면 천둥 번개를 동반
한 비가 내린다' '민들레가 시들면 비가 내린다' 등이 있다. 믿거나 말
거나 한 말일 수 있지만 알아두면 생물을 관찰하는 일이 즐거워질 뿐
더러 날씨를 예측하는 데도 살짝 도움이 될지 모른다.

새의 부리,
사람이 쓰는 도구에 비유한다면?

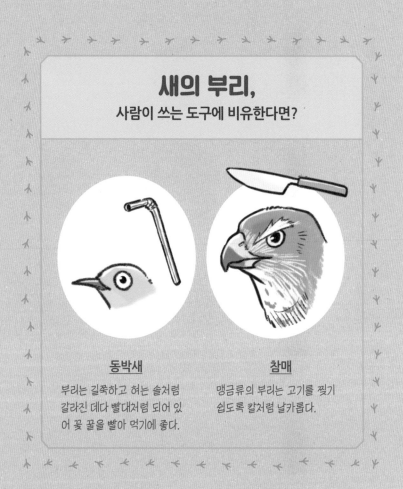

동박새

부리는 길쭉하고 혀는 솔처럼
갈라진 데다 빨대처럼 되어 있
어 꽃 꿀을 빨아 먹기에 좋다.

참매

맹금류의 부리는 고기를 찢기
쉽도록 칼처럼 날카롭다.

제 2 장

억지로 밀어붙이거나
선물을 주거나

새들의 구애 행동

비둘기의 구애는 끈질기다

① 목 부풀려 어필하기

구애 중인 집비둘기는 목을 부풀려 가슴을 펴고 꼬리깃을 펼쳐서 몸이 더 커 보이도록 한다. 또 고개를 올렸다 내렸다 하거나 스텝을 밟는다.

우리가 평소에 가장 많이 보는 비둘기는 집비둘기라는 종류다. 원종은 바위비둘기라는 새인데 식용, 애완용, 전서구로 가금화되었다가 일부가 그 뒤에 야생화하는 조금 복잡한 과정을 거쳐 우리 눈앞에 있다.

집비둘기는 공원, 길가, 역의 승강장 등 도시 어디에서나 볼 수 있는 새다. 번식도 1년 내내 이루어지므로 구애 활동을 쉽게 관찰할 수 있다. 집비둘기의 구애는 매우 독특하다. 수컷은 목을 크게 부풀리고 꼬리깃을 펼쳐 몸이 더 커 보이도록 한다. 그 상태로 춤을 추듯 휙 돌거나

'구애급이'라고 해서, 구애하는 동안 자신이 구한 먹이를 상대방에게 먹이기도 한다.

머리를 위아래로 흔들면서 암컷의 주위를 서성이며 필사적으로 어필한다. 암컷이 관심을 안 주고 먹는 데만 집중하고 있어도 수컷은 아랑곳하지 않고 계속 구애한다. '이 남자, 짜증 나'라고 하듯 암컷이 그 자리를 떠나려 하면 수컷은 재빨리 앞으로 치고 들어와 계속 치근댄다. 끈질기다 싶어 암컷이 다른 방향으로 도망치려 하면 또 쫓아와서 다시 어필. 몇 번이나 같은 일이 반복된다. 사람이었다면 경찰을 불렀을 만큼 끈질기다.

비둘기의 구애는 끈질기다

② 몇 번이나 고개 숙여 부탁하기

멧비둘기 수컷은
몇 번이나 고개를 위아래로 흔든다.

멧비둘기는 도시에서 집비둘기만큼 많이 보이지는 않지만 그래도 역시 가까이서 볼 수 있는 비둘기의 일종이다. 멧비둘기의 구애도 집비둘기 못지않게 매우 끈질기다.

수컷은 암컷이 가까이 있으면 목을 부풀리고 고개를 위아래로 흔들면서 다가간다. 암컷이 질색하며 물러나도 한 걸음 더 다가서면서 구애를 계속한다. 수컷이 위아래로 고개를 흔드는 모습이 마치 고개 숙여 간곡하게 부탁하는 것처럼 보이기도 한다.

끈질긴 꼬드김을 견디다 못한 암컷이 날아서 그 자리를 떠나 버리면 수컷도 쫓아가서 암컷이 멈춘 자리에서 다시 구애를 시작한다. 다시 날

암컷이 질색하고 도망쳐도…

포기 안 해!

포기 안 해!

아가는 암컷, 쫓아가는 수컷, 도망치는 암컷…. 엄청난 집념이다.

집비둘기나 멧비둘기나 수컷의 끈질긴 구애를 거쳐 암수가 서로를 허용하는 단계가 되면 사랑을 키우듯 서로의 깃털을 골라주고, 자기가 잡은 먹이를 상대방에게 먹이기 시작한다. 그러다 암컷이 자세를 낮춰 수컷에게 짝짓기를 재촉하고 수컷이 응해 암컷 등에 올라타면 짝짓기는 금방 끝난다. 사람의 세계에서는 최근 연애에 소극적인 '초식남'이 늘고 있는데, 그런 점에서 비둘기의 적극성은 배울 만한 구석이 있는지도 모르겠다.

알콩달콩 사이좋게
서로의 깃털을 골라주는 새

동박새의 상호 깃 다듬기

새는 평소에는 스스로 자기 몸의 깃털을 가다듬지만 신뢰 관계가 있는 커플 사이에서는 서로의 깃털을 골라주는 모습을 볼 수 있다. 동박새 한 쌍은 매우 사이가 좋아서 서로의 깃털을 매만지는 모습이 종종 목격된다. 딱 들러붙어서 깃털을 골라주는 모습이 기분 좋아 보이고, 우리가 보기에도 흐뭇하다.

서로 깃털을 골라주는 습성은 조류 전체에서 나타나지만, 우리에게 익숙한 새 중에서는 동박새 외에 멧비둘기, 큰부리까마귀 등에서 쉽게 관찰할 수 있다. 서로 깃털을 골라주는 행동은 짝꿍으로서 인연을 깊게 할 뿐 아니라 기생충을 막는 목적도 있다. 머리나 목 등 혼자서는 깃털을 가다듬기 어려운 곳을 짝꿍이 대신 매만져 기생충을 떼어낸다고 한다. 실제로 이런 행동은 머리와 목 같은 부위에 집중적으로 이루어진다. 요컨대 그저 비비적대는 것이 아니라는 이야기다.

상대가 건강하게 지낼 수 있도록 마음을 씀으로써 비로소 한 쌍으로 맺어진 인연이 진정으로 깊어지는지도 모른다. 그렇다고는 해도 동박새 커플은 사람이 보기에도 좀 창피할 만큼 사이가 뜨겁다.

큰부리까마귀의 상호 깃 다듬기   멧비둘기의 상호 깃 다듬기

장래까지 생각하는 암컷은
수컷의 선물에 등급을 매긴다

물총새의 구애급이. 수컷이 물고기를 비롯한 먹이를 가져온다.
이 선물의 질로 암컷은 수컷의 등급을 판정해
구애를 받아들이거나 거절한다.

수컷(남성)이 암컷(여성)에게 선물을 주는 것은 사람뿐 아니라 동물 사
이에서도 많이 볼 수 있는 행동이다. 번식기의 물총새 수컷은 암컷의
마음에 들기 위해 먹이를 잡아다 선물한다. 이런 행동을 동물학에서는
'구애급이 求愛給餌'라고 한다.

　암컷에게 선물의 질은 중요하다. 제대로 된 먹이를 잡지 못하는 미덥
지 못한 수컷과 함께하면 육아에 실패할 가능성이 있기 때문이다. 암
컷은 수컷이 새끼를 키울 능력이 있는지 없는지를 판단해 마음에 들면

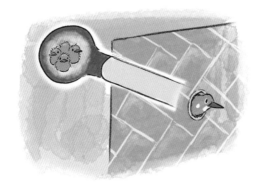

물총새
Alcedo atthis

물총새는
깨끗한 계곡이나 호수 같은
곳뿐 아니라 콘크리트로
둘러싸인 강기슭의 배수 구멍
같은 곳에서도 번식한다.

도시에 사는 물총새의 먹이 (예)

참붕어

줄새우

잠자리

미국새우

블랙배스 치어

블루길 치어

그 선물을 받아들인다. 수컷은 암컷의 마음에 들기 위해 갖은 고생을 해 먹이를 잡아오지만, 암컷 입장에서는 이 선택에 자신과 새끼의 운명이 걸려 있는 만큼 야박하게 굴기도 하는 것이다.

또 물총새라고 하면 깨끗한 강에만 서식한다고 오해하기 쉽지만, 최근에는 도시의 더러운 개천에서도 많이 볼 수 있게 되었다. 물총새는 도시화에 적응한 새 중 하나다. 개천에서는 외래 어종이나 미국가재 같은 생물을 잡아먹고 배수구 안에서 번식한 사례도 있다. 통칭 '물가의 보석'이라고 불리는 물총새. 지금은 그림의 떡처럼 먼 존재가 아니라 의외로 가까이서 볼 수 있는 새가 되었다.

새의 노랫소리는 두 종류!
러브송은 음이 높다

휘-휘리리
휫휫

섬휘파람새.
목을 크게 부풀려서
지저귄다.

봄이면 자주 들려오는 "휘-휘리리 휫휫" 하는 울음소리. 소리의 주인을
본 사람은 드물어도 그 울음소리만큼은 누구나 한 번쯤 들어보지 않았
을까? 우리나라에서는 중남부 지방과 제주도에서 흔히 소리를 들을 수
있는 섬휘파람새다. 독특한 울음소리가 통화 연결음으로도 쓰일 정도
로 유명하다.

  그런데 사실 이들이 부르는 노래는 한 종류가 아니다. 새들의 지저귐
은 구애를 위한 목적 외에도 영역 선언이나 적의 접근 알리기 등 다양
한 역할이 있다. 섬휘파람새의 노랫소리를 크게 나누면 두 가지 패턴

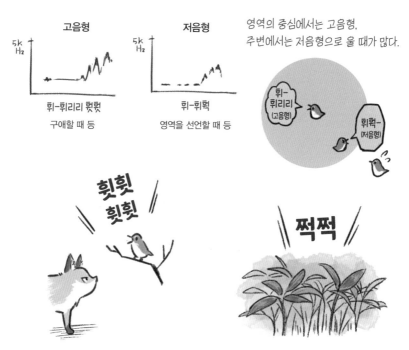

고음형

5k Hz

휘-휘리리 휫휫
구애할 때 등

저음형

5k Hz

휘-휘휙
영역을 선언할 때 등

영역의 중심에서는 고음형, 주변에서는 저음형으로 울 때가 많다.

휘-휘리리
(고음형)

휘휙-
(저음형)

휫휫 휫휫

쩍쩍

번식기에 수컷이 골짜기 여기저기로 이동하며 우는 소리. 경계의 소리로 여겨진다.

입맛 다시듯 우는 소리. 주로 겨울에 수풀 같은 데서 수컷이나 암컷 모두 작은 소리로 운다.

이 확인된다. 한 가지는 고음형으로, 주로 암컷에게 구애할 때 내는 소리다. 다른 한 가지는 저음형으로, 영역을 선언할 때 쓴다. 고음형은 아름답고 높은 소리, 저음형은 "휘-…휘휙" 하고 끊어졌다 이어졌다 하는 위협적이면서 낮은 소리다.

새들의 음성 커뮤니케이션과 관련해서는 아직 밝혀진 바가 많지 않아서 훗날 이 노랫소리가 지금보다 더 다양하게 분류될 수도 있다. 섬휘파람새에게는 사투리라고 할 만한 지역성도 확인되며, 그 소리를 잘 들어보면 새들의 노랫소리에도 여러 가지가 있다고 느껴진다.

울음소리가 다는 아니다.
암컷에게 어필하는 색다른 방법

울고 난 뒤 날개를 쳐서 중저음을 내는 일본꿩.
망토 펄럭이듯 날개를 친다.

작은 새들은 대부분 수컷이 지저귀는 소리로 암컷에게 구애하지만, 조류 중에는 다른 '소리'로 유혹하는 방법을 터득한 종도 있다. 이를테면 꿩이 그렇다(그림은 일본꿩. 우리나라의 꿩과는 다른 종이지만 소리를 내는 특성이 비슷하다). 꿩은 "꿩꿩" 울고 난 뒤 "퍼드덕" 하는 중저음을 낸다. 이 희한한 소리는 사실 날개를 쳐서 내는 소리다.

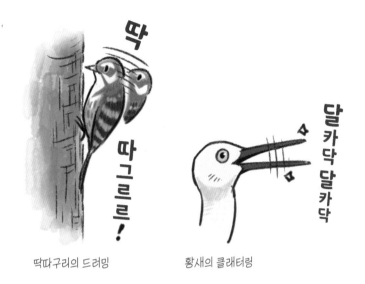

딱따구리의 드러밍   황새의 클래터링

이 소리를 일본에서는 '호로^{母衣} 치기'라고 표현하는데, 자기 영역을 선언하거나 암컷에게 구애할 목적으로 내는 소리로 추정된다. '호로'란 일본어로 무사의 갑옷이나 투구 뒤에 붙여 화살을 막던 커다란 천을 가리킨다. 그것이 퍼덕퍼덕 바람에 날리는 모습과 소리를 떠올리고 '호로 치기'라는 명칭이 붙은 것으로 보인다. 우리나라에서도 봄에 강변을 걷다 보면 꿩이 우는 소리와 퍼드덕 날개 치는 소리를 종종 들을 수 있다. 다리나 둑 위에서 소리 주인을 찾아보는 것도 재미있을 듯하다.

한편 딱따구리는 드러밍^{drumming}이라고 해서 나무를 빠른 속도로 두드려서 소리를 내고 존재감을 드러낸다. 황새 종류는 클래터링^{clattering}이라고 해서 부리를 달카닥달카닥 맞부딪쳐 소리를 낸다. 새들은 이렇게 다양한 소리로 커뮤니케이션을 하고 있다.

역시 외모가 중요해?
목의 빨간색이 필살기

멋져 ♡

찌 릿

꺄악 ♡

제비 수컷은 목이 더 빨갈수록
인기가 높다.

인간 세계에서는 흔히 '겉보다 속이 중요하다'라고 이야기한다. 사람이
라면 시간을 들여 내면을 서로 알아갈 수 있기 때문일 텐데, 하루하루
가 죽느냐 사느냐의 기로에 선 야생동물은 그렇게 느긋하게 서로를 사
귈 여유가 없다. 그렇다 보니 눈에 비치는 겉모습에서 얻을 수 있는 정
보가 중요하다.

찌릿

참새 수컷은 뺨의 검은 반점이
두드러질수록 인기가 많다.

찌릿

박새 수컷은 넥타이 무늬가
굵을수록 인기가 많다.

　수컷의 인기 포인트는 어떤 생물 종이냐에 따라 달라지지만, 여름철
새인 제비는 목의 빨간 부분의 면적이 넓거나 색이 더 뚜렷한 수컷이
인기를 끄는 경향이 있다고 한다. 같은 제비 친척 중에서도 유럽의 제
비는 꼬리깃의 길이, 미국의 제비는 배의 빨간 부분이 중요시되는 것을
보면 가까운 종이라 해도 인기 포인트는 조금씩 다른 모양이다.

　다른 새의 경우를 살펴보면 참새는 뺨의 검은 부분이 크고 뚜렷하면
인기 있고, 박새는 배의 넥타이 무늬가 굵을수록 인기 있다는 사실이
밝혀졌다. 사람이 보기에는 '그게 왜?' 싶은 포인트일 뿐이지만 같은 동
물 암컷에게는 특별한 매력으로 느껴지는지도 모르겠다.

눈 깜짝할 새 끝나는
새들의 짝짓기

참새 수컷.
엉덩이를 굽혀서
총배설강을 꼭 붙일 때
균형을 잡으려고
날개를 파닥인다.

참새 암컷.
꼬리깃이 겹쳐지지 않게
비켜놓는다.

새들이 짝짓기하는 모습을 더러는 보았을 것이다. 그야말로 순식간에 간단하게 끝나버리므로 본 적이 있어도 그게 짝짓기인지 몰랐을 수 있다. 수컷이 날개를 파닥이며 균형을 잡으면서 암컷 위에 올라타고는 몇 초 만에 끝나버린다. 많은 동물에게 짝짓기 시간이란 천적에 대한 경계가 느슨해지는 시간이기도 하므로 단시간에 끝나는 새들의 짝짓기가 어떤 의미로는 합리적일지 모른다.

조류의 97%는 총배설강을 맞춰
정자를 내보낸다.

비둘기는 환경이 좋으면 1년에
7~8회 번식을 시도한다고 한다.

오리류에게는 나선형의 음경 같은
생식기(phal lus)가 있다.

새들의 짝짓기가 빨리 끝나는 한 가지 이유는 구조적 간단함에도 있
다. 오리류 같은 예외를 제외하면 새들은 기본적으로 음경이 없고 '총
배설강'이라고 하는 항문과 생식기를 겸한 구멍을 서로 연결해서 짝짓
기한다. 수컷이 그저 암컷의 등에 올라타는 것처럼 보이겠지만 새의 엉
덩이는 의외로 잘 굽혀져서 이 자세로 총배설강을 꼭 붙일 수 있다. 총
배설강을 서로 맞춘 후 수컷이 암컷에게 정자를 보내면 그것만으로 짝
짓기가 끝난다.

참새 같은 새는 봄에서 가을 동안에 암컷이 자세를 낮추고 수컷에게
올라타라고 재촉하는 듯한 모습을 보인다. 그때가 짝짓기를 관찰할 좋
은 기회다.

번식기가 아닌 가을과
겨울에도 짝짓기를 한다?

새들의 짝짓기는 번식 행동이므로 당연히 번식기에 볼 수 있다. 흰뺨검둥오리의 경우, 짝짓기는 보통 이른 봄부터 시작해 봄 동안에 이루어진다. 그런데 번식기가 아닌 가을에서 겨울에 걸쳐 짝짓기 행동을 하는 일이 종종 있다. 서로 마주한 수컷과 암컷이 고개를 상하로 까닥거리며 다가가서는 수컷이 암컷의 등에 올라탄다. 어김없는 짝짓기 자세다. 왜 새끼를 키울 수 없는 시기에 짝짓기를 할까?

사실 이것은 '유사 교미'라고 불리는 행동으로 짝짓기 연습 혹은 구애 행동의 일종이다. 오리류의 짝짓기는 대개 물에서 이루어지는데, 수컷이 암컷 위에 올라타면 암컷은 머리만 조금 물 위로 나와 있을 뿐 몸이 거의 물에 잠긴다. 어쩐지 조금 불쌍해 보이기도 하지만 암컷은 딱히 싫어하는 기색 없이 수컷을 받아들인다.

에워싸서 몰기. 수컷 여러 마리가 암컷 한 마리를 에워싸고 저마다 노래하거나 포즈를 잡으며 암컷의 마음을 잡으려 애쓴다.

머리를 치켜들고 몸을 뒤로 젖혀 목을 움츠린다. 수컷들이 암컷을 에워싸서 몰 때 나타나는 행동의 하나.

흰뺨검둥오리의 짝짓기 전 구애 행동

수컷이 고개를
위아래로 움직인다.

암컷도 그에 응해
고개를 위아래로
움직인다.

청둥오리의 유사 교미

수컷이 암컷 위로 올라탈
뿐 아니라 머리가 잠길 만큼
눌러버린다.

우리나라에서 흰뺨검둥오리에 비해 적은 수가 번식하는 청둥오리도 겨울에 이런 유사교미 행동을 흔히 보인다. 동네 하천이나 공원에서 오리류가 서로 마주 보고 고개를 위아래로 까닥이는 구애 행동을 한다면 유심히 지켜보자. 눈앞에서 유사 교미를 관찰할 수 있을지도 모른다.

새의 부리,
사람이 쓰는 도구에 비유한다면?

넓적부리도요

'Spoon-billed sandpiper'라는 영어 이름이 나타내듯이
숟가락 모양의 부리로 진흙이나 모래 속에 있는 먹이를 건져낸다.

제3장

개성 만점 '우리 집'

새들의 둥지 짓기와 육아

우편함도 화분도 가리지 않는
너무도 자유로운 집짓기

박새는 삼림에서 시가지에 이르기까지 어디에서나 볼 수 있는 작고 귀여운 새다. 일본어로는 40이라는 숫자와 참새를 한자로 나란히 써서 '시쥬카라四十雀'라고 부르는데, 그 이름의 유래로 참새 40마리만큼의 가치가 있기 때문이라는 등 여러 설이 있다. 그래도 40마리는 너무 많은 감이 든다.

숲에서는 박새도 찌르레기처럼 나무줄기에 파인 큼지막한 구멍 속에 둥지를 짓고 살지만 시가지에서는 역시 인공물의 틈을 알차게 이용한다. 이용하는 인공물이 제법 다양해서 지선(전봇대가 넘어가지 않도록 땅 위로 비스듬히 세운 줄) 덮개, 화분, 우편함 등을 가리지 않으며, 요즘은 스탠드형 재떨이 같은 물건도 박새들 사이에서 둥지 터로 유행하는 듯하다. 최근 흡연 환경이 바뀌며 실내에 흡연 장소가 없어지고 실외에 스탠드형 재떨이를 많이 설치하게 된 것이 영향을 미친 모양이다. 박새류는 사람에 대한 경계심이 옅은 편이지만, 그렇다 해도 우편함이나 스탠드형 재떨이 같은 물건을 대담하게 이용하는 것을 보면 놀라울 따름이다.

겨울이 지나 3월쯤 되면 박새 수컷은 다양한 매물을 보러 다니다가 좋아 보이는 곳을 찾아 암컷에게 소개한다. 이 무렵에 우편함을 이용하지 않거나 화분을 땅바닥에 엎어두면 박새가 사용하게 될지도 모른다. 그렇다 하더라도 사람들은 대부분 박새 둥지를 바로 철거하지 않고 불편을 참으면서 그들이 둥지를 떠날 때까지 가만히 지켜보는 것 같다.

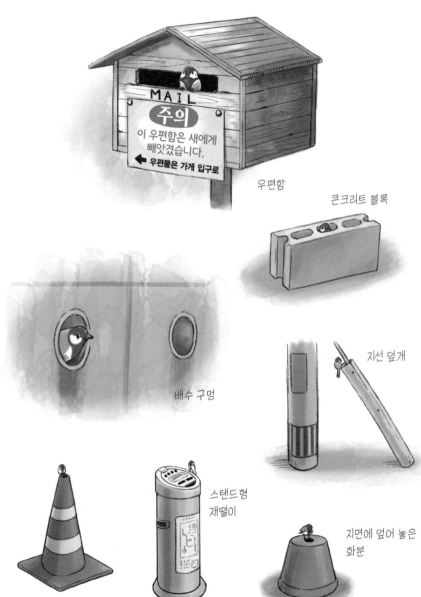

박새
Parus minor

우편함

MAIL

주의

이 우편함은 새에게
빼앗겼습니다.
← 우편물은 가게 입구로

콘크리트 블록

배수 구멍

지선 덮개

스탠드형
재떨이

지면에 엎어 놓은
화분

트래픽 콘

전봇대나 지붕 주변의
우량 매물은 놓치지 않는다

참새는 신기한 새다. 무엇이 신기하냐면, 거리에서는 볼 수 있는데 산에 가면 전혀 볼 수 없다는 점이 그렇다. 보통 야생동물이라고 하면 사람에게서 멀찍이 떨어진 장소에서 많이 살 법한데 참새는 정반대다. 사람이 사는 곳 가까이가 아니면 서식하지 않는다.

그런 참새이다 보니 역시 둥지도 인공물을 활용한다. 지붕의 기와, 빗물받이, 전봇대 등의 틈새를 즐겨 이용한다. 여느 새들처럼 참새의 둥지나 새끼도 눈에 잘 띄지 않게 감추어져 있지만, 둥지 소재 일부가 비어져 나오거나 인공물 안에서 바스락바스락 새끼 소리가 들려 둥지가 있다는 사실을 알아차리게 된다.

그러나 최근에는 집 지붕에 기와를 얹는 일도 줄고, 틈새가 많은 목조 건축도 줄어들고, 전선도 대체로 땅속으로 묻는 추세라 참새로서는 둥지를 짓기 어려운 환경이 되었는지도 모른다. 둥지를 지을 장소가 부족해서만은 아니겠지만 실제로 참새 수가 최근 몇 십 년 사이 반으로 줄었다는 추정도 있다.

또 도시의 참새라 해도 1년 내내 도시에만 머무는 것은 아니어서 가을이 되면 일부 개체는 농지가 있는 마을 산이나 숲으로 간다. 옛날 중국에서도 가을에 참새가 없어지는 것을 보고 바다로 들어가 '대합'이 되었을 것이라고 농을 쳤다는 이야기도 있다.

제비 둥지나 말벌 둥지를
재사용하기도 한다.

참새
Passer montanus

어깨쇠

접속인입함

전선 덮개

변압기 틈새

어깨쇠 끝에 둥지를 튼다.

지붕 기와의 틈을 활용한다.

방범 카메라 위에도?!
생각지도 못한 곳에 둥지가 있다

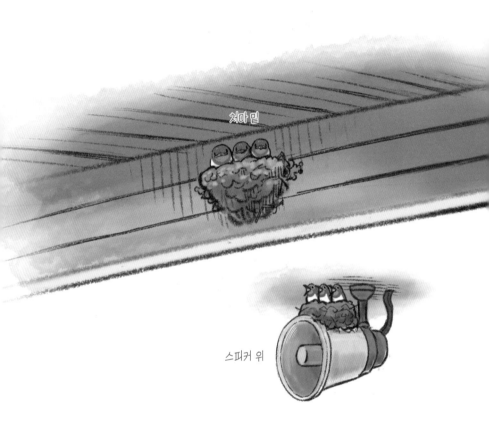

처마 밑

스피커 위

제비는 건축물의 처마 밑 같이 사람이 자주 지나다니는 곳에 둥지를 짓는다. 사람을 경비원처럼 이용해 뱀이나 까마귀 같은 천적을 피하려는 것 같다. 반대로, 인공물이 아닌 장소에서는 제비 둥지를 거의 찾아볼 수 없다. 인간의 문명이 태동하기 전에는 어디에 둥지를 틀었을지 신기하기도 하다.

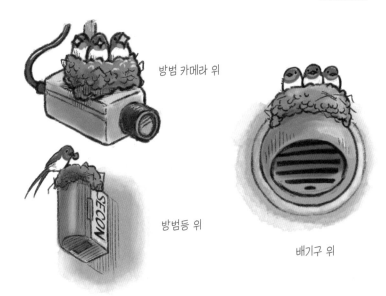

방범 카메라 위

방범등 위

배기구 위

제비가 둥지를 지을 때는 부리로 물어온 흙을 침으로 굳히고 거기에 검불을 발라 보강하면서 벽에 딱 달라붙게 짓는다. 옥외에서 잘 보이지 않는 장소, 또 배기구 위나 방범 카메라 위 등 어딘가 툭 튀어나온 부분에 종종 둥지를 튼다.

제비는 참새와 달리 사람 눈에 잘 띄는 곳에도 둥지를 지으므로 새끼를 키우는 모습을 관찰하기가 아주 쉽다. 사람에게 익숙해 그다지 경계하지도 않는다. 한편 새끼를 키우는 시기에 부모는 하루에 몇 백 번이나 먹이를 날라야 하므로 어지간히도 힘들 것 같다.

제비는 봄이 되면 찾아오는 여름철새로, 사람들에게 오랫동안 친근한 새였지만 최근에는 찾아오는 수가 줄었다. 그 원인으로 건축물의 변화, 마을 주변 산의 환경 변화 등을 꼽는다. 예부터 제비는 해충도 없애주는 이롭고 친근한 새였으므로 제비집 밑에 떨어진 똥이 더럽다느니 불평하기보다 소중히 대해주면 좋겠다.

빈집의 미닫이창을
태연히 빌려 쓰는 새

찌르레기는 종종 미닫이창의 안쪽 공간,
즉 두껍닫이에 둥지를 짓는다.

참새보다 크고 비둘기보다 작으며 어디에나 있는 중형 새, 찌르레기.
일본어로는 '무쿠도리ムクドリ'라고 하는데, 푸조나무(무쿠노키ムクノキ) 열
매를 좋아해서, 혹은 푸조나무에 둥지를 짓기 때문에 그런 이름이 붙었
다고 한다. 자연에서는 큰 나무 구멍에 둥지를 짓지만 인공물의 구멍이
나 틈도 자주 이용한다. 특히 최근 몇 년 사이 일본 주택가에서 찌르레
기가 많이 이용한 것은 '두껍닫이'다. 빈집 등에서 덧문이 내내 닫혀 있
는 두껍닫이는 찌르레기에게 안성맞춤인 매물이다. 만약 둥지 재료나

자연에서는 나무 구멍에 둥지를 튼다.

배기구 등에 새똥이 묻어 있거나
둥지 재료가 비져나와 있다면
그곳을 이용하고 있다는 증거다.

애벌레 따위를 물고 두껍닫이를 드나드는 찌르레기를 보았다면 거기
에 둥지를 틀고 있다는 증거다.

　그밖에도 찌르레기는 배기구의 틈새나 처마 밑 같은 곳에도 종종 둥
지를 짓는다. 천적이 습격하기 어려운 빈 구멍만 있으면 그게 나무 구
멍이든 인공물이든 가리지 않는다. 오가는 사람이 보면 흐뭇한 광경일
지 모르지만 집주인이나 관리회사로서는 어지간히 골치 아픈 존재일
것이다. 찌르레기는 예로부터 농지의 해충을 잡아먹는 유익한 새로 알
려졌지만 도시 환경에 적응해가면서 이렇듯 사람과의 불화도 발생하
고 있다.

하천 부지에서 가까운 다리는
육아에 안성맞춤

교각 위에 가로놓인 구조물 틈에 둥지를 짓고
하천 부지에서 먹이를 잡는 황조롱이

맹금류라고 하면 사람 손을 타지 않는 깊숙한 산속에 둥지를 짓고 사는 이미지가 강할지 모르지만, 뜻밖에 우리 주변에서 볼 수 있는 종류도 몇 가지 있다. 예를 들어 강에 놓인 철교의 구조물에는 매의 친척인 황조롱이가 자주 둥지를 튼다. 비둘기만 한 크기의 작은 맹금류다.

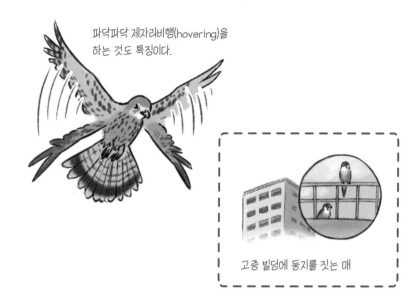

파닥파닥 제자리비행(hovering)을
하는 것도 특징이다.

고층 빌딩에 둥지를 짓는 매

황조롱이는 본래 벼랑처럼 높은 곳에 둥지를 트는데, 교각에 가로놓인 철제 빔도 벼랑과 비슷하게 보일지 모른다. 하천 부지에는 황조롱이의 먹이가 되는 도마뱀과 쥐 같은 작은 동물이 많아서 새끼를 키우기에 안성맞춤이다. 종종 상공에서 제자리비행을 하며 먹이를 찾다가 급강하해 사냥하는 모습을 볼 수 있다.

황조롱이는 비번식기인 가을과 겨울에는 둥지와 동떨어진 곳에서도 종종 목격된다. 이 시기에는 도시에서 살짝 벗어난 교외에서 농지나 풀밭처럼 탁 트인 곳을 걷다 보면 먹이를 찾아 상공을 나는 황조롱이의 모습을 가끔 볼 수 있다.

최근 몇 년 사이에는 같은 매과에 속한 매도 도시의 고층 빌딩에서 번식하는 모습이 종종 발견되었다. 매도 높은 절벽에 둥지를 짓는 맹금류인데 고층 빌딩도 매에게는 비슷한 환경일지 모른다.

까마귀 둥지에
세탁소 옷걸이가?

일반적으로 새의 둥지는 사람 눈에 띄기 어려운 곳에 많지만, 까마귀 둥지는 크고 사람 사는 주변에 있어서 비교적 간단히 찾을 수 있다. 그런데 일본의 도시에서 발견되는 까마귀 둥지는 그 재료가 특징적이다. 작은 나뭇가지에 섞인 다채로운 색깔의 철사 같은 것이 두드러진다. 자세히 보면 세탁소에서 흔히 쓰는 철제 옷걸이다. 우리나라에서도 큰부리까마귀가 도심에 서식하고 있지만 둥지 짓는 방법으로 비슷한 사례가 조사된 적은 없다.

도시는 자연과 달리 가져다 쓸 만한 나뭇가지가 적으니 어쩔 수 없이 옷걸이를 사용하는 걸까? 꼭 그렇지만은 않은 듯 수목이 울창한 환경에서도 까마귀는 적극적으로 옷걸이를 사용한다. 세탁소 철제 옷걸이는 튼튼하고 가벼워서 까마귀들에게 둥지 짓기에 안성맞춤인 재료로 찍힌 모양이다. 그렇다고 둥지 전체를 옷걸이로 만들지는 않고 어느 정도 나뭇가지와 섞어서 만든다.

까마귀가 둥지를 짓는 시기인 3~4월 무렵에는 특히 옷걸이를 가져가기 쉬우므로 근처에 까마귀가 있다면 주의하자. 빨래가 걸려 있어도 솜씨 좋게 벗겨내고 가져가 버리는데, 플라스틱 옷걸이는 비교적 가져가기 어렵다고 한다.

옷걸이를 훔쳐 가기만 한다면 아직 귀엽다고 할 수 있다. 위험한 것은 전봇대에 철제 옷걸이를 섞어 둥지를 지었을 때다. 옷걸이의 철사 부분이 전봇대 기기에 접촉하면서 누전을 일으켜 화재나 대규모 정전이 발생하기도 한다. 이런 둥지를 발견하면, 까마귀가 불쌍하더라도 전력회사에 연락해서 철거하는 것이 바람직하다.

세탁소에서 많이 쓰는 철제 옷걸이와
나뭇가지를 섞어 둥지를 만든
큰부리까마귀

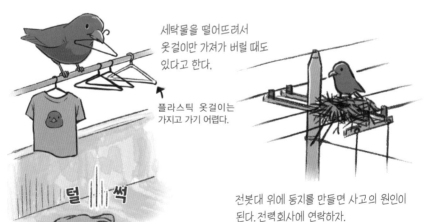

세탁물을 떨어뜨려서
옷걸이만 가져가 버릴 때도
있다고 한다.

플라스틱 옷걸이는
가지고 가기 어렵다.

전봇대 위에 둥지를 만들면 사고의 원인이
된다. 전력회사에 연락하자.

털 썩

쓰레기라도 괜찮아!
도시파 새들의 둥지 짓기

비닐 테이프로 만든 동박새 둥지.
나뭇잎이 떨어진 계절에 쉽게
찾아볼 수 있다.

도시에서 쉽게 둥지를 관찰할 수 있는 새들이 있다. 그러나 번식기에
접어든 새가 경계할 만큼 둥지를 물끄러미 관찰하는 일은 피해야 한다.
그보다는 새끼 키우기가 다 끝난 가을에서 겨울 사이에 관찰하면 둥
지를 자세히 들여다볼 수 있으므로 여러 가지 재미있는 사실을 발견할
수 있다.

　새는 기본적으로 사람이나 천적의 눈에 띄지 않는 곳에 둥지를 만드
는데, 나뭇잎이 지는 시기에는 숨겨두었던 그 모습이 드러나 비교적 쉽
게 발견된다. 이렇게 번식기가 아닌 때에는 새들도 둥지를 떠나고 없으
므로 안을 들여다봐도 문제없다. 종류에 따라 다르지만 작은 새들은 둥

쓰레기투성이인 직박구리 둥지

역시 쓰레기투성이인 논병아리 둥지

지를 한 번만 쓰고 버릴 때가 많다.

까치, 까마귀 외에도 도시에 사는 새들은 둥지에 인공물을 많이 사용한다. 예를 들어 동박새는 키가 작거나 중간쯤 되는 나무의 가지가 두 갈래로 갈라지는 지점에 거미줄 같은 재료를 동원해 해먹 모양으로 둥지를 치는데, 근처 인가에서 비닐 테이프 같은 것을 주워다 이용하기도 한다. 도시 새들의 둥지를 보면 쓰레기투성이여서 가엾다는 생각이 들 수도 있지만, 새들에게는 자연물이건 인공물이건 튼튼해서 잘 망가지지만 않으면 그만일지 모른다.

솜털 듬뿍!
푹신푹신한 아기 침대

오목눈이 둥지 안.
바닥에 솜털을 잔뜩 깔아 따뜻하다.
집비둘기 외에 꿩, 작은 새들, 까마귀류 등
다양한 새의 깃털이 쓰였다.

가운데 줄기나 그 양쪽에 깃가지가 뚜렷한
깃털보다는 부드럽고 보온성이 높은
솜털을 골라서 둥지 재료로 쓴다.

※ 일부에는 짐승의 털이나 식물성 솜을
가져다 쓰기도 한다.

도시에 사는 새가 예나 지금이나 똑같지는 않다. 이를테면 일본에서는 먹이로 딱 좋은 집비둘기가 많이 서식하는 것이 한 가지 원인이 되어 도시에 서식하는 참매가 옛날보다 늘어나는 추세다. 우리나라도 도심에서 참매를 볼 수 있지만 그 수가 많지는 않다. 참매가 사냥하고 난 자리에는 희생된 새의 깃털이 잔뜩 떨어져 있곤 하는데, 그 깃털을 오목눈이가 이용하기 때문에 도시에 오목눈이도 늘어났다고 한다.

오목눈이는 천적을 피하기 위해 아직 추운 겨울부터 번식을 시작하기 때문에 둥지 안에 보온용 깃털을 잔뜩 가져다 깐다. 이때 많은 깃털이 필요한데, 매가 사냥감을 조리한 흔적은 오목눈이에게는 깃털을 수집하기에 딱 좋은 자리다. 오목눈이는 그중에서도 부드럽고 보온성이 높은 솜털 위주로 주워 간다. 사람이 입는 겨울 패딩도 줄기가 뚜렷한 깃털보다는 솜털이 많이 들어가야 보온성이 높아지는데 그 차이를 오목눈이도 제대로 인식하고 있는 모양이다.

참매와 비둘기와 오목눈이…. 뜻밖의 접점에서 생물은 서로 이어져 있다.

없네
…

이소 완료!

따뜻한 아기 침대 덕분에 추운 계절부터
새끼를 낳아 기를 수 있다.
뱀 같은 포식자가 활동할 무렵에는
이미 새끼들이 둥지를 떠난 상태.

그걸로 끝이라고?
너무나도 투박한 둥지 짓기

멧비둘기는 겨울이 되면 중국이나 북한에서 남하해 그 수가 늘어나지만
우리나라에서 사계절 살아가는 개체도 있다. 나무가 있는 곳이라면
도시에서도 쉽게 둥지를 찾을 수 있다.

많은 새들이 새끼를 낳고 키울 자리인 둥지를 정성껏 공들여서 만든다.
새끼가 추위에 얼지 않도록, 둥지에서 떨어지지 않도록, 시간과 수고를
아끼지 않는다. 그런 가운데 매우 '엉성하게' 둥지를 만드는 새가 있다.
바로 비둘기들이다.

특히 멧비둘기 둥지는 나무의 굵은 가지 위에 작은 나뭇가지들을 적
당히 얹어놓기만 한 엉성한 모양새를 하고 있다. 밑에서 올려다보면 알
이 보일 때도 있거니와 종종 새끼가 떨어져 다친 새를 구조하고 치료

멧비둘기 둥지. 작은 나뭇가지를
적당히 얹어놓았을 뿐이다.

둥지가 듬성듬성해서 밑에서
알이 보일 때도 있다.

하는 시설로 옮겨지기도 한
다. 둥지 전체의 형태도 직
박구리나 동박새 둥지처럼
밥공기 모양이 아니라 접시
에 가까운 형태다. 또한 다
른 새들은 둥지 중앙의 알
낳는 자리에 깃털이나 부드
러운 잎을 깔아 완충과 보

집비둘기는 베란다 구석이나 화분, 실외기 위
같은 곳에도 종종 엉성한 둥지를 만든다.

온이 되도록 애쓰지만 멧비둘기 둥지에서는 그런 세심함도 찾아볼 수
없다.

이렇게 조잡하게 만든 엉성한 둥지를 다음 번식년에 다시 이용할 때
도 많고, 때에 따라서는 직박구리나 때까치 등 다른 새들이 버린 옛 둥
지를 재사용한다. 왜 그렇게까지 둥지를 짓는 솜씨가 서툰 건지 희한할
따름이다. 집비둘기 역시 나뭇가지를 대충 엮기만 해서 둥지를 만든다.
아파트 베란다 같은 데서 흔히 볼 수 있다.

적을 떼어놓기 위해
연기하는 새

알이나 새끼를 지키기 위해
다친 척 연기한다.

적을 충분히 끌어내고
나면 자기도 도망친다.

여기 배고픈 길고양이가 한 마리 있다고 하자. 고양이는 가까이 새가
한 마리 있는 것을 알아차리고 다가간다. 그런데 아무래도 그 새는 어
딘가 다친 모양이다. 날개를 편 채 축 늘어져 있다. '이건 딱 좋은 사냥
감이군!' 하고 고양이는 새에게 더 가까이 다가간다.

그러자 새가 날개를 질질 끌면서 비틀비틀 도망치려 한다. 더 가까이

의상 행동 중인
꼬마물떼새

접근하는 고양이, 막다른 궁지에 몰린 새…. 이제 끝인가 싶은 바로 그
때! 갑자기 날개를 파닥이며 도망쳐버리는 새를 고양이는 멍하니 보내
줄 수밖에 없다.

'의상擬傷'이라고 해서 마치 상처를 입은 것처럼 꾸미는 이런 행동은
천적을 둥지에서 멀찍이 떼어놓기 위한 새의 전략이다. 즉, 다친 척 날
지 못하는 시늉을 하며 적의 주의를 자기 쪽으로 돌린다는 이야기다.

의상 행동은 지상에 둥지를 꾸리는 새들, 이를테면 꼬마물떼새 같은
물떼새 종류, 꿩, 종다리 등에게서 비교적 많이 발견된다. 만약 당신이
새의 의상 행동을 보았다면 그 새는 바로 당신을 천적으로 인식해 둥
지에서 멀리 떼어놓으려 애쓰는 것인지도 모른다. 그럴 때는 무턱대고
둥지를 찾아다니지 말고 관심 없는 척하면서 슬쩍 그 자리에서 비켜나
주자.

엄마랑 아기랑 행진하듯
나란히 나란히…

도로를 횡단하는 흰뺨검둥오리 어미와 새끼들.
'흰뺨검둥오리의 행진' 또는
'흰뺨검둥오리의 이사'라고 부른다.

오리류는 대부분 중국과 러시아 등 해외에서 겨울에 찾아오는 겨울철새다. 그 가운데 딱 하나, 흰뺨검둥오리만큼은 우리나라 평야 지대에 널리 서식하는 텃새다. 그래서 어미 새가 새끼를 데리고 다니는 이른바 '흰뺨검둥오리의 행진'도 볼 수 있다.

흰뺨검둥오리 새끼는 태어나면 바로 자기 발로 걷기 시작하고, 어미 새를 따라다니면서 먹이도 스스로 구한다. 이렇게 성장이 빠른 특성을 일러 '조성성'이라고 한다. 어미 새는 새끼들을 물 있는 곳으로 데려가

조성성과 만성성의 차이

조성성
태어났을 때부터 깃털이 나 있고,
금세 둥지를 나서서 스스로 먹이를
잡기 시작한다.

만성성
태어났을 때는 작고 깃털도 적다.
어미에게서 먹이를 받아먹고 자라서야
둥지를 떠난다.

려고 하는데, 이때 차가 오가는 도로를 가로질러야 할 때가 있다. 그런
어미와 새끼들을 보다 못한 친절한 교통경찰이 차를 세우고 길을 유도
하는 모습이 초여름 지역 뉴스 방송에서 가끔 다루어진다.

하지만 무사히 도로를 건넜다 하더라도 흰뺨검둥오리 새끼들의 삶
의 투쟁은 이제 막 시작되었을 뿐이다. 둥지 속에서 소중히 키워진 '만
성성' 새들과 달리 흰뺨검둥오리 같은 '조성성' 새들은 대부분 다 자라
기도 전에 목숨을 잃는다. 둥지를 떠날 때는 10~12마리였던 새끼 새
가운데 2~3마리라도 어른으로 자라면 다행이다. 아예 전멸해버리는
일도 적지 않다. 어지간히 가혹한 세계다.

한편, 엄밀히는 흰뺨검둥오리 중에도 겨울을 나기 위해 북쪽 지방에
서 건너오는 개체가 있다. 그래서 겨울에는 개체수가 더 많아진다.

새의 부리,
사람이 쓰는 도구에 비유한다면?

마도요
긴 부리로 구멍 속에 있는 먹이를 집어서 꺼낼 수 있다.

제 4 장

누구의 소리일까?
왜 저렇게 움직일까?

새들의 소리와 몸짓

한 번쯤 들었을 그 소리!
부스스한 머리의 잿빛 새

사람들과 함께 새를 관찰하러 다닐 때 새소리가 들려오면 "이건 무슨 새예요?" 하는 질문을 곧잘 받는다. 지역이나 장소에 따라 다르겠지만, 친근한 새 중 이름을 가장 많이 묻는 새라면 역시 직박구리인 것 같다.

직박구리는 산지에서 시가지에 이르기까지 폭넓게 서식한다. 울음소리가 매우 커서 귀에 쉽게 남는다. "찌익, 찌익" 하고 조금 시끄럽게 우는 소리가 들리면 나무 위나 전선 같이 조금 높은 곳을 찾아보자. 잿빛의, 찌르레기보다 한층 크고 실루엣이 길쭉한 새가 울고 있다면 바로 직박구리다.

이런 식으로 울음소리와 소리가 나는 부리의 움직임을 동시에 파악해두면 좋다. 울음소리만으로는 좀처럼 새를 기억하기 어렵지만 소리와 부리의 움직임을 '립싱크' 동작처럼 일치시켜 놓으면 정확하고 효율적으로 기억할 수 있다.

평소에 소리와 부리의 움직임을 일치시켜 인식하지 못하기 때문에 멧비둘기 소리를 듣고 올빼미 소리로 착각하는 사람도 있다. 일찍이 일본 조류 분류학계에서는 소쩍새 울음소리의 주인이 파랑새인 줄 알고 그 소리음을 딴 이름을 파랑새에게 붙였다가 낭패를 본 사례가 있다. 소쩍새 울음소리를 우리나라에서는 흔히 "소, 쩍, 다—"라고 표기하는데, 일본에서는 "붓, 포, 소—"(ブッポウソウ. 파랑새의 일본어 이름. 부처와 불법과 승려를 이르는 '불법승'의 일본어 발음과 유사하다)라고 들리는 모양이다. 나라마다 소리음 표기가 다른 것은 종종 있는 일이다.

큰 소리로 우는
직박구리

꾹꾹
꾸르르-
꾹꾹

멧비둘기의 지저귐은 종종
올빼미 소리와 헷갈린다.

소, 쩍, 다 -
붓, 포, 소-?

우리가 흔히 "소, 쩍, 다-"라고 표기하는
소쩍새 소리가 일본에서는 "붓, 포, 소-"
로 들린다고 한다.

일본에서 소쩍새 소리의
주인으로 잘못 알려져
'붓포소'라는 엉뚱한
일본명이 붙은 파랑새.
실제로는 꽥꽥,
하고 운다.

'까악까악'과 '가악가악', 까마귀 두 종류를 구분하는 소리

큰부리까마귀

까마귀

우리 주변에서 쉽게 볼 수 있는 새 이름을 물으면 대부분 참새, 비둘기, 오리 정도는 대답하는 것 같다. 하지만 종 이름이 비둘기나 오리인 새는 없고 그런 이름은 그저 단체명 같은 것이라는 사실을 새를 보러 다니는 사람이 아니고서야 잘 알지 못한다. 한데 묶어 비둘기라고 말하지만 집비둘기도 있고 멧비둘기도 있다.

그런데 까마귀라는 이름의 종은 있다(일본에서는 이 종도 '송장까마귀'라고 부른다). 까마귀 종류로는 크게 큰부리까마귀와 까마귀를 자주 볼

악악!

악악!

경계할 때

가르륵!!

가르륵!!

위협할 때

아악우악-

어린 까마귀는
입속이 붉다.

큰부리까마귀 새끼는 이마가 매끈하고,
울음소리도 성조처럼 맑지 않아서
까마귀 새끼로 착각하기 쉽다.

수 있다. 전국을 둘러보면 비둘기나 까마귀나 종류가 더 많겠지만 보통
우리 주변에는 두 종류의 까마귀가 있다고만 말해도 평소 새에 관심이
없던 사람들은 많이 놀란다.

이 두 종류의 까마귀는 생김새와 몸짓에서 여러 차이가 있는데 가장
알기 쉬운 것은 울음소리다. 일반적으로 큰부리까마귀는 "까악까악" 하
는 맑은 소리로, 까마귀는 "가악가악" 하는 탁한 소리로 운다. 큰부리
까마귀와 달리 까마귀는 고개를 위아래로 흔들며 운다는 것도 한 가지
특징이다.

단, 이런 차이도 어디까지나 대체적인 경향일 뿐, 큰부리까마귀가
"가악" 하고 울 때도 있으니 주의해야 한다.

사랑의 멜로디라고
꼭 아름답지는 않다

방울새는 이른 봄이 되면 강변 같은 데서 "비잉, 비잉" 하고 탁한 소리로 운다. 그 사이에 "삐리리리♪ 코로로로♪" 하는 귀여운 소리도 들린다. 후자가 사랑을 지저귀는 소리인가 했더니 뜻밖에도 "비잉, 비잉" 하는 단조롭고 탁한 소리가 지저귐이다.

새소리는 번식기의 지저귐과 평소에 내는 울음소리로 크게 나눌 수 있다. 일반적으로는 번식기의 지저귐이 영어로도 'song'이라고 하듯 노래처럼 복잡하고 아름다운 소리다. 구애나 영역 선언의 의미가 있다고 알려져 있다.

한편 새들이 평소에 내는 울음소리는 영어로 'call'이라고 한다. 경계나 위협, 두려움, 기쁨, 집합 신호, 존재의 확인 등 소리마다 다양한 의미가 있다. 대체로 번식기의 지저귐보다는 소리가 단조롭고 짧지만 방울새처럼 알기 어려운 예도 있다. 또 까마귀나 직박구리 등 지저귀는 소리와 울음소리를 딱 잘라 구분하기 어려운 종도 있다.

'지저귐'과 '울음소리'라는 말도 사람이 편의상 정의한 것일 뿐, 새가 내는 소리에는 아직 밝혀지지 않은 사실이 많다. 가까이에서 새가 울고 있다면 어떤 의미, 어떤 의도로 울고 있는지 생각하면서 관찰해보는 것도 재미있지 않을까? 예를 들어 새가 지금 사람을 경계하는구나, 하는 생각이 들면 조금 거리를 두어야겠다고 판단할 수 있으므로 탐조 에티켓을 지키는 데도 도움이 된다.

번식기의 지저귐

평소 울음소리

삐리리리

코로로로…

비－잉

방울새

번식기의 지저귐

평소 울음소리

주꾸주꾸

쯔삐

쯔쯔삐－
쯔쯔삐

박새

번식기의 지저귐

평소 울음소리

꽥꽥

짹짹

휫휫
휘－휘리리

섬휘파람새

'칫' 소리 하나만으로도
누군지 알 수 있다

멧새는 금속성이 강한 소리로
"치칫" 또는 "치치칫" 하고 운다.

겨울철 공원을 걷다 보면 덤불 속에서 "칫" "치칫" 하는 소리가 종종 들려온다. 비슷한 음질로 "치칫" "치치칫"하고 두세 음절로 울고 있다면 멧새류일 가능성이 크다. 멧새는 텃새이지만 도심 공원보다는 교외의 초지나 관목림에서 주로 만날 수 있고, 도심에서는 노랑턱멧새를 더 쉽게 볼 수 있다. 우리나라에서는 흰배멧새도 봄과 가을에 도심 공원보다는 교외의 숲에서 주로 관찰된다.

봄과 가을이라면 "칫" 하는 소리에 만나기 귀한 섬촉새를 기대해볼 수도 있다. 섬촉새는 참새보다 조금 큰 새로, 일본에서는 도심 공원에서 흔히 볼 수 있지만 우리나라에선 남해안 지역을 중심으로 적은 수가 관찰된다. 특유의 '칫' 하는 소리는 평소에 동료가 있는지 확인하거나 날아오를 때 신호를 주기 위해 내는 소리로 보인다. 문자로 '칫'이라

섬촉새는 "칫" 하고 운다.

공원의 수풀 같은 곳에서도
소리가 들리는데, 색이 수수해서
모습을 찾기는 어렵다.

새들이 덤불 속에서는 서로의 존재를
확인하기 어려우므로 울음소리로
존재를 표현하는 것으로 보인다.

고 표기해버리면 혀 차는 소리를 떠올릴지도 모르지만 혀 차는 소리보
다는 훨씬 음정이 높다.

　조금 가벼운 느낌으로 '칫' 하고 우는 새가 떼 지어 있다면 쑥새일지
도 모른다. 그런 소리를 전문가가 아니면 알 수 없다고 생각할지도 모
르지만, 익숙해지면 구분하기가 의외로 어렵지 않다. 새의 울음소리를
대표하는 것은 역시 번식기의 지저귐이지만 가을부터 겨울까지는 새
들이 그다지 지저귀지 않는다. 평소에 내는 이런 소리에도 귀를 기울여
보면 새를 발견하거나 식별하는 데 유용한 실마리가 될 것이다.

'짹짹'밖에 없다고?
훨씬 다양한 참새 소리

만화 등의 배경에 "짹짹"이라고 써넣기만 해도
아침 분위기가 난다.

다양한 참새 울음소리를 사실적으로 표현하면
이렇게 된다….

흔히 만화에서 거리 풍경을 그린 후 "짹짹"이라는 문자를 써놓기만 해
도 독자들은 '이 장면은 아침이구나.'라고 받아들인다. 그만큼 참새 하
면 "짹짹", 그리고 '아침'이라는 이미지가 뿌리 깊다.

하지만 정말로 참새는 "짹짹"이라고 울까? 근방에 사는 참새 소리

삐요삐요삐요

짹짹

즈즈

치치치치치

짹짹삐쭈삐쭈짹짹

참새의 다양한 울음소리.
"짹짹"만이 아니다.

를 잘 들어보면 확실히 "짹…" "짹…" 하고 울기도 하지만 실제로는 "치, 치, 치", "삐쬥, 삐쬥" 등 의외로 다양한 소리로 운다는 사실을 알 수 있다. 이를테면 낮고 날카로운 소리로 "즈즈즈 치치치" 하고 울면 주위를 경계하고 있을지도 모른다. 또 짝짓기를 할 때는 "삐요삐요삐요" 하는 귀여운 소리도 낸다.

참새도 번식기의 지저귀는 소리를 알아듣기 힘든 종 중 하나인데, 봄에 "짹짹 삐쭈삐쭈—"와 비슷한 구절을 몇 번이나 반복한다면 참새의 지저귐일 가능성이 높다. 참새 하나만 예로 들어봐도 귀를 기울이면 새의 울음소리가 실로 다양하다는 사실을 알 수 있다.

문 삐걱대는 소리에
자전거 브레이크 소리까지?

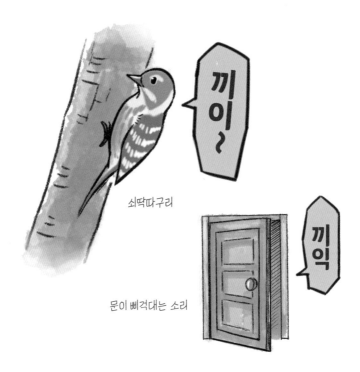

끼이~

끼익

쇠딱따구리

문이 삐걱대는 소리

밖을 걸어 다니다 "끼이—…" 하는 낮은 새소리가 들렸다면 근처에 있는 나무를 살펴보자. 딱따구리 중에서도 몸이 작은 쇠딱따구리가 눈에 띌 것이다. "끼이—" 하는 낮은 소리는 쇠딱따구리의 평소 울음소리로, 종종 문이 삐걱대는 소리에 비유된다. 비슷한 소리를 내는 새가 없어서 소리만으로 금세 쇠딱따구리임을 알 수 있다. 이처럼 단조로워서 기억하기 어려울 법한 평소 울음소리도 비슷한 음질의 소리에 빗대면 기억하기 쉬워진다.

물총새

자전거 브레이크 소리

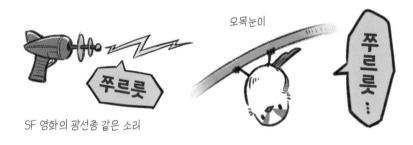

오목눈이

SF 영화의 광선총 같은 소리

물가에서 "찌-" "끼-끼익" 하는 높은 소리가 났다면 수면을 아슬아슬 스칠 만한 공간이나 물가 주변에 툭 튀어나온 나뭇가지를 살펴보자. 물총새가 보일 것이다. 이 소리는 종종 자전거 브레이크 소리에 비유된다. 이를 기억하면 물총새를 쉽게 발견할 수 있지만 그 대신 자전거 브레이크 소리에도 일일이 반응해버리는 기묘한 저주에 걸리게 된다.

오목눈이도 울음소리로 찾기 좋은 새다. "쭈르륫" 하고 혀끝을 마는 듯한 리듬의 고음을 내는데, SF 영화에 나오는 광선총 소리와 비슷하다. 떼를 지어 있으면 제법 떠들썩하다.

갈대밭의 음치!
충격적인 노래 솜씨

개개개갯
교곳
교곳

개개비는 섬휘파람새를 닮아 생김새는
수수하지만 목소리가 개성 넘친다.
오렌지색 입속이 눈에 띈다.

새의 지저귐에는 일반적으로 아름다운 소리가 많다. 그러나 사람과 새
의 감성은 다르므로, 같은 새 암컷은 넋을 잃고 듣더라도 사람이 듣기
에 꼭 좋은 노래라고는 할 수 없다. 근방에 갈대가 무성한 강변이 있다
면 봄부터 여름 사이에 한 번 귀를 열고 거닐어보자. 노래인지 외침인
지 구분하기 어려운 요란한 소리를 내는 새가 금방 눈에 띌 것이다. 여
름철새인 개개비다.

갈대 위쪽에 앉아서 큰소리로 "개개개갯, 교교교곳" 맹렬하게 우는데
이를 아름답다고 느끼는 사람은 아무래도 적지 않을까?(개인적으로는

강변에 많이 자라는 갈대.
억새와 닮았지만 잎 가운데에
흰 줄기가 없다는 점이
특징이다.

좋아하지만). 사람에 따라서는 음치라고 생각
할지도 모른다(개인적으로는 취향에 맞지만).

일본에서는 이 맹렬하게 우짖는 소리를
한자로 옮겨 여름을 나타내는 계절어로 삼
기도 했다. 에도 시대를 대표하는 하이쿠 시
인의 한 사람인 고바야시 잇사는 "개개비 주
둥이부터 먼저 태어났느냐"라며 시끌벅적한
이 새를 짓궂게 읊었다. 개개비를 일본어로
는 '요시키리ﾖｼｷﾘ'라고 부른다. 이 새가 갈
대 줄기를 잘라(구멍을 내서) 그 속에 있는 곤충을 먹는 것을 보고 '갈대
를 자르다(요시오키루ﾖｼを切る)'라는 뜻에서 유래했다는 설이 있고, 갈대
밭에만 둥지를 틀어 '갈대 한정(요시카기리ﾖｼ限り)'이라고 부른 데서 유
래했다는 설도 있다.

개개비는 도시의 하천에서도
소담한 갈대밭을 이룬 곳에서
종종 볼 수 있다. 마음에 드는
장소(song post)를 몇 군데
돌아다니면서 지저귄다.

높이 날아 아름답게
노래 부르는 새

봄에 농지나 강변의 상공에서 아름답게 지저귀는 큰 노랫소리가 들려온다면 꼭 한 번 하늘을 올려다보자. 바로 찾아내기는 어려울지도 모른다. 하지만 눈여겨 찾아보면 틀림없이 눈에 띌 것이다. 콩알 정도로밖에 보이지 않을 만큼 하늘 높이 날아올라 노래 부르는 새, 종다리다.

작은 새들은 대부분 나무 위 같은 곳에 자리를 잡고 지저귀지만 종다리는 날면서 지저귄다. 파닥파닥 날갯짓하며 노래하는 모습이 어쩐지 바빠 보이기도 한다. 그저 날면서 노래하는 것이 아니라 복잡한 선율을 큰 소리로, 그것도 끊임없이 계속 노래하는 것이 종다리의 놀라운 점이다. 숨은 쉬어가면서 노래해야 할 텐데 괜찮나 싶은 걱정이 절로 들지만, 아무래도 종다리는 숨을 들이마실 때도 소리를 내는 모양이다. 새는 숨을 들이마실 때도 음을 낼 수 있다. 예를 들어 휘파람새는 "휘-휘리리-휫휫" 하고 소리를 내는데, 처음의 "휘-"는 숨을 들이마시면서 발성한다고 한다.

새는 '명관鳴管'이라고 하는, 사람에게는 없는 발성 기관이 발달해 있어서 숨을 내뱉을 때나 들이마실 때나 아름다운 음을 낼 수 있다. 반면에 사람의 성대는 새의 명관만큼 유능하지 않아서 숨을 들이마시면서 음을 내기는 어렵다. 하겠다고 마음먹으면 소리가 나오기는 하지만 보통은 음이 이상해진다. 여담이지만 헤비메탈 같은 음악에 주로 쓰이는 거친 창법 중에 숨을 들이마시면서 음을 내는 방법이 있다고 한다.

날갯짓하며 "삐-쪼르르, 삐-쪼륵-삐삐"
복잡한 선율로 계속 노래하는 종다리

새는 숨을 들이마실 때도 소리를 낼 수 있다.

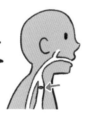

사람은 숨을 들이미시면서는 이상한 소리밖에 나오지 않는다.

하려고 마음먹으면 사람도 숨을 들이마시면서 소리를 낼 수 있지만 깨끗한 발성은 어렵다. 헤비메탈 등에 쓰이는 포효하는 듯한 창법에서 그렇게 소리를 낸다고 한다.

봄을 알리는 새?
그러나 첫 울음은 어정쩡하다

사람들은 무엇을 보거나 들었을 때 봄을 느낄까? 벚꽃이 핀다거나 나비가 날아다니기 시작한다거나, 봄을 알리는 요소는 여러 가지가 있을 것이다. 새 중에도 봄을 알리는 대표적인 종이 있다. 바로 섬휘파람새다. "휘-휘리리-휫휫" 하는 소리를 그해 처음 들었을 때 많은 사람이 봄을 느끼지 않을까? 그래서 일본에서는 섬휘파람새를 일러 '봄을 알리는 새'라는 뜻으로 '춘고조春告鳥'라는 별명으로 부르기도 한다.

하지만 아무리 섬휘파람새라 해도 처음에는 노래가 서툰 개체도 있다. 첫 음을 빼먹기도 하고, 가운데 소리만 내고 뒤는 잊어버리기도 한다. 음정이 이상할 때도 있다. 소리가 많거나 적을 때가 있는가 하면 크거나 작을 때도 있다. 봄이 막 시작되었을 무렵에 이렇게 이상하게 노래하는 개체는 대체로 어린 새다. 다행히 어린 새들도 반복해서 노래하다 보면 점점 실력이 좋아진다. 새는 어른 수컷의 소리를 듣고 우는 법을 익힌다고 한다. 자기 소리를 아빠 소리와 비슷하게 만들려고 노력하는 것이다.

어린 새의 첫 노래 솜씨는
그다지 능숙하지 않다.

인기 없는 수컷들은
여름에도 노래를 한다

츄르 치르르 치릿

짝이 없는 수컷은
눈에 띄는 곳에 자리를 잡고
하늘을 향해 필사적으로
지저귄다.

새들의 지저귐이 가장 많이 들리는 것은 번식 초기인 봄이다. 그 후로
는 서서히 지저귀는 소리가 잦아들지만 개중에는 여름이 다 되어서도
필사적으로 계속 지저귀는 수컷들이 있다. 아직 짝을 찾지 못한, 좀 불
쌍한 녀석들이다.

　알기 쉬운 예가 멧새인데, 짝 있는 멧새인가 없는 멧새인가에 따라

나무 꼭대기처럼 눈에
잘 띄는 곳에서 지저귄다.

짝이 있는 수컷은 대개 부리를 수평으로
유지한 자세를 보이며 지저귀는 횟수도 적다.

지저귐이 극단적으로 달라진다. 아직 솔로인 수컷은 나무 꼭대기나 전 깃줄처럼 눈에 잘 띄는 곳에 자리를 잡고서 같은 구절의 노래를 몇 번이나 반복해 지저귄다. 머리를 크게 젖히고 하늘을 향해 입을 벌린 모습이 목의 흰 부분을 강조하는 것처럼 보이기도 한다. 한편 짝을 얻은 수컷은 부리를 수평으로 유지한 차분한 자세로 지저귀며, 목소리도 다소 조심스럽다. 짝이 있는 수컷은 하루의 약 30% 정도를, 짝이 없는 수컷은 하루의 50~80%쯤 되는 시간을 지저귀는 데 쓴다고 한다.

또한 멧새는 구애할 때 나무 꼭대기 등 눈에 잘 띄는 곳에 앉아서 같은 소절을 오랜 시간 계속 지저귀므로 발견하기가 쉽다. 여름철에 지저귀는 멧새를 발견했다면 짝이 있는지 없는지 생각하며 관찰해도 재미있지 않을까?

내륙으로 진출 중!
아름답게 지저귀는 파란 새

바다직박구리 수컷.
TV 안테나나 전봇대 꼭대기에
앉아 지저귀기도 한다.

섬이나 해안가에서 귀에 설지만 아름다운 지저귐이 들리면 주변을 살펴보게 된다. 큰유리새 같은 종이 떠오르는 멋진 선율이지만 '바닷가에 그런 새가 있을 리 없는데…' 하며 찾아보면 방파제, 해안절벽, 전봇대 위에 앉아 있는 바다직박구리가 눈에 띈다.

바닷가 절벽 같은 곳에서
주로 발견된다.

바다직박구리 암컷

　바다직박구리는 개똥지빠귀 정도의 크기로 수컷은 배가 붉고 얼굴부터 등까지 파란 아름다운 새다. 우리나라에서는 이름대로 바닷가에서 주로 보이는 새지만 이웃나라 일본에선 해안에서 멀리 떨어진 내륙에서도 종종 볼 수 있다. 본래 서식하던 바닷가에서는 벼랑바위 틈새 등에 둥지를 틀지만 내륙에서는 건물 옥상이나 처마 틈, 통풍구 같은 장소에 둥지를 꾸린다고 한다. 바다직박구리에게는 건물 높은 곳이나 벼랑바위나 비슷한 환경일지도 모른다.

　우리나라에서는 전국의 해안가와 섬에서 여름철새로 흔히 눈에 띄며, 일부 지역에서는 겨울에도 볼 수 있다. 일본에서 바다직박구리는 1990년경부터 점점 내륙으로 진출해 지금은 야마나시현 고후시, 나가노현 이다시 같은 도시에도 서식하는 사실이 확인되었다. 하지만 전국적으로 일어나고 있는 바다직박구리의 내륙 진출이 과연 어떤 이유에서 비롯된 것인지는 여전히 수수께끼에 싸여 있다.

아름다운 소리지만 시끄럽다는
불평도 듣는 외래종

화미조(눈썹을 그린 새라는 뜻).
눈 주위의 눈썹 같은 흰 무늬 때문에 붙은 이름이다.

새를 포함해 동물의 세계에는 멸종위기종처럼 수가 줄어드는 종이 있
는가 하면 새로운 환경에 적응해 점점 분포를 넓혀가는 종도 있다. 그중
에는 본래 분포하던 영역을 벗어나 인위적으로 들여오고 난 뒤 야생화
되어 분포를 넓힌 동물, 즉 '외래종'이라고 불리는 동물도 있다.

일본에는 최근 몇 년 사이에 '이상한 새 울음소리가 들린다'며 주택

휘뽀-
삐-뽀

소리는 크지만 덤불 속에서 지저귈 때가
많아 모습을 발견하기는 어렵다.

중국에서는 생김새도
소리도 아름다운 새로
여겨 기르는 사람이
많다.

가 부근에서도 종종 화제가 되는 외래종이 있다. 바로 '화미조畵眉鳥'라
고 불리는 새다. 이 새는 현재 일본에서 특정외래생물(외래생물 가운데
특히 생태계에 미치는 영향이 염려되는 종으로서 포획, 운송, 양도 등 다양한
행위가 법률로 금지된 종)로 지정되어 있다.

　체구는 휘파람새보다 한층 크고, 그래서인지 목소리도 매우 큰 편이
다. 지저귀는 소리 자체는 나쁘지 않고 사람에 따라서는 아름답다고 느
낄 만한 노랫소리지만, 소리가 워낙 커서 꺼리는 사람도 있다. 그래도 원
산지인 중국에서는 미성을 가졌다 해서 인기가 있는 모양이다.

　일본 조류학계에서는 이 새가 토종 생태계에 미칠 영향을 염려하고
있는데 아직 상세한 연구가 이루어지지 않았다. 다만 하와이에서는 화
미조의 침입으로 토착종이 줄었다는 보고도 있으므로 무시할 수 없는
상황이다. 비슷한 특정외래생물로 노랫소리가 아름답기로 유명한 상사
조(相思鳥)가 있지만, 이 종은 산지에서 그다지 내려오지 않기 때문에 화
미조만큼 분포가 넓어지지는 않았다. 두 종 모두 우리나라에는 서식하
지 않는다.

우리 동네에도 사는
그 새가 말을 할 줄 안다고?

박새는 까치나 까마귀가 다가오면
"찌까찌까" 울어서 경고한다. 그러면
새끼 새들이 자세를 낮추고 둥지 속으로
들어간다.

새의 울음소리에는 다양한 의미가 있다는 사실이 연구로 밝혀졌다. 이를테면 주변에서 볼 수 있는 작은 새의 대표 종인 박새는 양육 중인 새끼에게 위험을 알리기 위해 울음소리를 구분해서 낸다는 사실이 확인되었다. 부모 박새는 까치나 까마귀가 둥지에 다가오면 "찌까찌까" 소리를 내고, 그러면 새끼 새들은 까치가 그냥 지나가도록 몸을 한껏 낮춘다. 또 구렁이 같은 뱀이 둥지 가까이 다가오면 "재-재-" 울어서 새

뱀이 다가올 때는 "재-재-" 소리 내어 경고한다. 그 소리를 듣고 새끼들이 둥지에서 도망친다.

WARNING!

끼들이 둥지에서 도망치게 한다.

　박새는 또한 평소에 내는 울음소리 종류도 많고, 그것을 규칙적으로 조합해 복잡한 의미를 만들어내는 데다 상호간에 이해할 수 있다는 사실도 밝혀졌다. 예를 들어 경계하라는 의미의 "삐-잇삐"와 다가가라는 의미의 "지지지지"를 조합해 "삐-잇삐 지지지지"라는 순서로 울면 '경계하면서 다가가라'는 의미이고, 이를 서로 이해한다는 말이다. 사람 외 동물 가운데 문법에 따라 문장을 만들 수 있다는 사실이 확인된 종은 박새가 처음이라고 한다. 우리 주변에서 흔히 볼 수 있는 작은 새에게 그런 엄청난 능력이 있었다니 그저 놀랍기만 하다.

새가 귀엽게
고개를 갸웃하는 이유

고개를 갸웃하는 오목눈이.
귀엽게 보이지만 사람이나
다른 동물의 반응을 노리고 하는
몸짓은 아니다.

작은 새를 관찰하다 보면 가끔 고개를 갸웃하는 모습을 볼 때가 있다. 사람으로 말하자면 "무슨 말을 하는지 잘 모르겠어."라고 할 때의 자세다. 하지만 이럴 때 새는 어떤 의문을 품고 있는 것도 아니거니와 사람에게 귀여움을 어필하는 것도 아니다. 그저 주위를 잘 보려고 이런 자세를 취한다.

작은 새의 눈은 기본적으로 머리 옆쪽에 붙어 있어서 주변을 넓게 볼 수 있다. 주위 상황을 늘 확인하며 먹이나 천적을 찾기에 편리한 구조다. 다만 일부 맹금류는 천적에 대한 경계보다는 사냥감이 있는 전방 공간을 입체적으로 볼 필요가 있어서 눈이 앞쪽에 쏠려서 붙어 있다.

새들은 또한 우리 인간과 달리 안구를 빙글빙글 움직여서 여러 방향

고개를 세우고 있으면
좌우가 잘 보인다.

고개를 갸웃하면
상공과 지상이 잘 보인다.

비둘기
엿네

새들은 안구를 움직이지 못하므로 다른 방향을 보고 싶을 때 고개를 기울인다.
※ 위 그림의 시야(파란 부분)는 어디까지나 상상이다. 실제로 어떻게 보이는지는 확인되지 않았다.

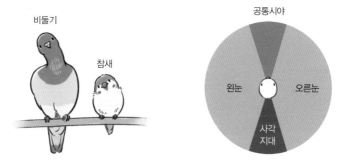

비둘기

참새

공통시야

왼눈

오른눈

사각
지대

작은 새는 시야가 넓지만 사물을 입체적으로 보지 못한다.
사물을 삼차원으로 파악하려면 양눈으로 보아야 하는데,
주변을 넓게 보기 위해 눈이 머리 옆쪽에 달려 있다 보니
공통시야가 좁기 때문이다.

을 볼 수가 없다. 그래서 머리를 자주 움직여 여러 방향을 보려고 한다.
즉, 작은 새가 고개를 갸웃할 때는 상공의 천적을 신경 쓰고 있다는 뜻
이다.

한편 새에게는 저마다 주로 쓰는 눈이 있다고 한다. 지켜보던 새가
어느 쪽으로 고개를 갸웃하는지, 개체마다 특이한 버릇은 없는지 관찰
해보는 것도 재미있을 듯하다.

비둘기는 왜 고개를
앞뒤로 움직이며 걸을까?

집비둘기가 걷는 법

고개를 앞으로
내민다.

고개 위치는
그대로 두고
걷는다.

고개를 내민다.

걷는다.
(이것의 반복)

비둘기가 고개를 흔드는 것은(그렇게 보이는 것은) 주위를 잘 보기 위해서다. 비둘기는 눈이 머리 옆면에 붙어 있어서 앞으로 걸으면 당연히 옆으로 보이던 풍경이 함께 움직인다(사람 눈은 앞에 붙어 있어서 앞으로 걸어도 풍경이 그다지 흔들리지 않는다). 평범하게 걷기만 하는데 눈앞 풍경이 어지럽게 움직인다면 주변 상황을 파악하기 어렵다. 이는 주위에 천적이나 먹이가 있는지를 늘 탐색해야 하는 야생동물로서는 불편함을 넘어 생사에 직결되는 문제다.

게다가 새들은 안구를 움직이지 못한다. 그래서 그렇게 고개를 흔드는 것이다. 어떤 실험에서는 비둘기를 고정한 채 주위의 풍경만 움직였더니 비둘기가 고개를 흔들었다고 한다. 이 실험으로, 비둘기가 주위를 잘 살피려고 머리 위치를 고정하려 애쓰다 보니 고개를 자주 흔드는 것처럼 보인다는 사실이 밝혀졌다. 다시 말해서 비둘기는 고개를 흔든다기보다 고개를 공간에 고정해놓고 몸을 움직이며 걷고 있다는 표현이 적절할지도 모르겠다. 이 '고개 고정'은 비둘기만이 아니라, 그리고 '걸을 때'만이 아니라 다른 새들의 다른 상황에서도 관찰된다.

비둘기뿐 아니라 다른 새들도 잘 보면
고개를 흔들고 있다.

앉아 있는 가지가 바람에 흔들려도
새의 고개는 그다지 움직이지 않는다
(고개 고정).

혼자서 '무궁화 꽃이 피었습니다'를 하는 새

개똥지빠귀가 쫑쫑
재빠르게 걷는다 싶더니…

새삼스럽지만 '무궁화 꽃이 피었습니다' 놀이 규칙을 떠올려보자. 술래가 "무-궁-화-꽃-이-"라고 말하는 동안 나머지 사람들은 움직일 수 있고, 술래가 "피었습니다!"까지 말하고 돌아보았을 때 움직이고 있으면 잡힌다. 술래가 전원을 잡아내면 술래의 승리, 나머지 사람들이 술래가 있는 곳까지 도착하면 그들의 승리가 된다.

개똥지빠귀는 풀밭처럼 탁 트인 장소에서 쫑쫑 재빠르게 걷는다 싶으면 갑자기 딱 멈추어 선다. 다시 쫑쫑 걷다가 또 멈추는 동작을 반복한다. 그 움직임이 꼭 '무궁화 꽃이 피었습니다' 놀이 동작을 빼닮았다. 개똥지빠귀는 비둘기나 할미새처럼 고개를 움직이며 걷지 않는다. 빨

피었
습니다!

갑자기 딱 멈추어 선다.

팽나무

리 움직인 후 멈추어 섰을 때 주위를 살펴 안전을 확인하고 먹이를 찾는다.

겨울철새인 개똥지빠귀는 해마다 우리나라에 막 도착한 가을이나 초겨울에는 나무 위에서 열매를 따 먹을 때가 많다. 그러다 겨울이 깊어지면 지상으로 내려와 먹이를 구하는 일이 많아지므로 '무궁화꽃이 피었습니다'를 볼 수 있는 기회가 늘어난다.

개똥지빠귀가 겨울에 막 건너왔을 무렵에는 아직 나무에 매달린 열매를 따 먹는 일이 많아 지상으로 그다지 내려오지 않는다.

새의 부리,
사람이 쓰는 도구에 비유한다면?

노랑부리저어새
수중에서 집게 같은 부리를 좌우로 흔들며 먹이를 잡는다.

제 5 장

알수록 재미있는
새들의 생태

새는 역시 공룡의 자손!
늠름한 자태로 일광욕하는 새

일광욕하는 민물가마우지. 날개가 잘 젖어서
잠수하기 쉽지만 한 번 젖으면 잘 마르지 않는다.

잠수해서 물고기를 잡는 데 특화된
깃털을 가졌다고 할 수 있다.

해변이나 강변을 걷다 보면 민물가마우지나 가마우지가 말뚝 위나 물
가에서 일광욕하는 모습을 종종 볼 수 있다. 이 새들은 잠수해서 물고
기를 잡는 종류이므로 물에 잘 젖는 깃털을 두르고 있다. 뒤집어 말하
면, 깃털의 발수성(표면에 물이 잘 스며들지 않는 성질)이 낮다. 일단 흠뻑

일광욕하는 모습이 독특한 왜가리.
날개를 반쯤 펼치고 가만히 서 있다.

비둘기류는 지상에서
일광욕하는 모습을
흔히 볼 수 있다.

젖고 나면 잘 마르지 않고 체온이 떨어지기 때문에 날개를 펼쳐서 햇볕에 말리려고 한다. 비행을 위해 체온을 늘 높게 유지해야 하는 조류로서는 깃털이 푹 젖은 채 있으면 큰 문제다.

한편 잠수할 일이 별로 없는 오리류는 깃털의 발수성이 높아서 육지로 올라오면 금세 마른다. 민물가마우지는 뛰어난 잠수 능력을 얻은 대신에 깃털이 물에 쉽게 젖는 대가를 치렀다고 볼 수 있다. 하지만 체온을 유지하려면 결국 먹이를 많이 잡아먹어야 하므로 민물가마우지처럼 사는 법과 오리처럼 사는 법, 어느 쪽이 더 나은지는 간단히 말할 수 없다.

멧비둘기나 집비둘기도 관찰하다 보면 날개를 펼치고 지면에서 볕을 쬐는 모습을 종종 볼 수 있다. 이 경우는 햇볕을 쬐어 체온을 조절하거나 햇빛의 작용으로 체내에서 비타민D를 생성하려는 목적이라고 한다.

깃털 뭉치에 다리는 하나!
낮에는 자는 새들

부리를 깃털
속에 넣었다.

자고 있는 해오라기

다리도 쉽게 차가워지는 부위여서
한쪽 다리를 깃털에 넣어둘 때가 많다.

하천 주변의 덤불 속을 보면 해오라기 같은 야행성 새들이 자고 있을
때가 있다. '어딘가 좀 이상한데? …모, 목이 없어! 아니, 다리도 하나뿐
이잖아!'라고 생각했더니 부리와 다리 하나를 깃털 속 깊숙이 넣었을
뿐이다. 새들에게 부리나 발끝은 깃털 없이 노출된 부위여서 체온을 유
지하기 위해 잠잘 때 곧잘 깃털 속에 감춘다.

오리류도 낮에는 잘 때가 많다…고
생각했더니 눈만 뜨고 경계하기도.

왜가리도 긴 목과 부리를 깃털 속에
능숙하게 집어넣고 잔다.

**충격 미스터리!
목 없는 왜가리가 나타났다?**

해오라기 외에 오리류도 잠자는 모습을 종종 볼 수 있다. 오리류는 낮에도 활동하지만 군이 말하자면 야행성이어서 낮에는 안전한 물가나 하천 한가운데에서 쉴 때가 많다. 부리를 등 깃털 속에 묻고 역시 한쪽 다리로 서 있는 모습도 흔히 볼 수 있다. 겨울에 해변에 사는 오리과의 검은머리흰죽지를 관찰하려고 낮에 갔더니 몇 백 마리나 되는 검은머리흰죽지가 거의 다 자고 있어서 실망하기도 한다. 잠자는 모습은 그 나름대로 애교스러워서 귀엽기는 하지만.

또 오리류는 아래쪽 눈꺼풀을 올려서 자는데 이 모습이 마치 흰자위를 까뒤집어 눈을 부라리는 것처럼 보이기도 한다. 좀 으스스한 모습이지만, 일설에 따르면 천적에게 "나 지금 안 자거든." 하고 어필하는 모습으로 볼 수도 있다고 한다.

새가 몸을 씻는 데 사용하는 것은 물, 모래 그리고?

바르르

바르르

파닥

파닥

모래 목욕을 하는 참새

모래땅에 움푹움푹 구멍이 생겼다면 참새가 모래 목욕을 한 흔적일 수도 있다.

동물은 기본적으로 깨끗한 것을 좋아한다. 사람은 몸을 청결하게 유지하려고 목욕이나 샤워를 하는데 새들도 자주 제 몸에 물을 끼얹는다. 새의 몸에 기생충이나 잡균이 많이 붙으면 병에 걸리기 쉽고, 깃털에 오물이 붙어 있으면 보온성과 발수성 같은 기능이 떨어진다. 즉, 어떻

제 몸에 물을 끼얹는 새들.
머리를 물에 담가 격렬하게
좌우로 흔든다. 마치 드릴처럼
움직인다.

개미 목욕을 하는 까마귀.
까마귀 중에는 눈이나 연기로
목욕하는 개체도 있다고 한다.

게 몸을 청결하게 유지하느냐는 새의 생사와 직결되는 중요한 과제라
고 할 수 있다.

　그런 가운데 희한한 목욕 스타일을 선보이는 새도 있다. 주변에서 쉽
게 볼 수 있는 종을 예로 들자면 참새가 그렇다. 참새는 모래밭을 얕게
파고 그 속에서 날개를 파닥파닥 움직이며 '모래 목욕'을 한다. 공원이
나 마당의 모래땅이 부자연스럽게 움푹 파였다면 참새가 욕실을 만든
흔적일지도 모른다. 그밖에도 모래 목욕을 하는 새로는 종다리, 꿩, 후
투티 등이 있다.

　또 특수한 예로 까마귀의 '개미 목욕'이 있다. 문자 그대로 개미 소굴
가까이에 눌러앉아서 개미 몇 십 마리가 제 몸에 붙어 기어 다니게 하
는 행동이다. 개미가 분비하는 포름산formic acid 또는 개미산이라는 화학
물질에 살균과 방충 효과가 있다고 생각되지만 아직 상세한 이유는 밝
혀지지 않았다.

물 마시는 것도, 목욕도,
식사도 날면서 한다

날면서 자는 바늘꼬리칼새

물을 마실 때도 날면서!

제비는 매우 친근한 새지만 늘 빠른 속도로 날아다니고 멈추는 일도 거의 없어서 차분히 관찰하기가 의외로 어렵다. 비행은 새의 가장 큰 특징이지만 제비와 그 친척들은 특히 그 능력이 탁월하다. 급선회, 급상승, 급강하, 제자리비행 등을 자유자재로 구사하며 하늘을 날 수 있

제비는 부리 폭이 넓고 크게 벌어져
날면서 먹이를 잡기 쉽다.

잠자리채처럼 효율적으로
벌레를 잡을 수 있다.

다. 비행 속도도 시속 50~200km로 빠르게 날아다니므로 사진을 찍으
려 해도 쉽사리 찍히지 않는다.

 제비는 부리가 가로로 길고 크게 벌어지는 구조여서 공중을 날면서
곤충을 잡는 데 적합하다. 그래서 물가 나지막이 날면서 물을 마시거나
몸에 끼얹고, 둥지를 떠나는 새끼에게 먹이를 줄 때도 날면서 주는 등
여러 가지 행동을 하면서도 바쁘게 계속 날아다니는 것을 볼 수 있다.

 제비와는 조금 다른 칼새류는 심지어 날면서 잠을 잘 수도 있다고
한다. 길게는 열 달 연속으로 계속 날았다는 기록도 있다. 제비과나 칼
새과에 속한 새는 조류 중에서도 특히 공중 생활에 특화된 종들이라고
할 수 있다.

더운 날에 새들은
입을 떡 벌리고 있다

더운 날에 새들은 입을 벌리고 있을 때가 많다. 다만 그늘에 있어 발견하기가 쉽지 않다. 한여름 대낮이 초보자가 새를 보기에 알맞지 않다고 하는 이유 중 하나다.

한여름 더운 날에는 참새나 까마귀가 떡하니 입을 벌리고 있는 모습을 볼 수 있다. 어쩐지 얼빠진 모습 같지만 새가 무더위에 이상해져버린 탓이 아니다. 더위를 견디기 위해서 하는 행동이다. 날개를 조금 펼쳐서 옆구리에 틈을 만들고 열을 내보내려고 할 때도 있다.

부들부들

민물가마우지 같은 물새가 목을 부들부들 떠는 것도 열을 방출하는 효과가 있기 때문으로 보인다. 몸에 물을 끼얹는 것도 체온 조절을 위한 중요한 수단이다.

사람은 땀을 흘려 체온을 조절할 수 있다. 하지만 땀샘이 없는 개는 입을 벌려 열을 내보내려고 한다.

우리 인간은 더울 때 피부 표면으로 열을 방출할 뿐 아니라 땀을 흘려서 그 기화열로 체온을 내릴 수 있지만 새는 땀을 흘리지 못하므로 날씨가 너무 더워지면 입을 벌리고 그 안의 수분이 빨리 증발하게 해서 체온을 낮춘다. 더운 날에 개가 입을 벌리고 헥헥거리는 것도 같은 이유다.

애초에 더운 날에는 동물이 그다지 활동하지 않는다. 무더위가 기승을 부리는 날이면 새들도 나무 그늘처럼 서늘한 곳에서 가만히 있을 때가 많다. 오히려 사람은 발한 능력을 획득해 더운 날에도 비교적 활발하게 움직일 수 있는 특수한 동물이라고 할 수 있다. 그러나 무더위는 사람에게도 위험하다. 그런 날은 새도 그다지 활동하지 않으므로 관찰을 삼가고 쉬는 편이 좋다.

날이 추우면 함께 모여
몸을 부풀린다

일본에서는 겨울에 깃털을 부풀린 참새를
'부풀리다'라는 뜻의 '후쿠라스'와 참새란 뜻의
'스즈메'를 합쳐 '후쿠라스즈메'라 부른다.
'후쿠'라고 발음되는 '복(福)'과 연관 지어
길조로 여기기도 한다.

따뜻한 공기

오리털이나 거위털을 듬뿍 채운 패딩은 대표적인 방한복이다. 아는 사람도 많겠지만 이런 옷은 그 자체가 따뜻한 게 아니다. 깃털 틈새로 따뜻한 공기를 온전히 유지할 수 있어서 입고 있는 사람의 체온으로 따뜻해지는 원리다.

　새들도 겨울이 되면 깃털을 한껏 부풀려서 따뜻한 공기를 깃털 틈에 모으려 한다. 그래서 겨울이면 살찐 것처럼 몸뚱이가 동그랗게 된 참새의 모습을 흔히 볼 수 있다. 참새는 추위를 견뎌내려고 필사적이지만

추울 때는 동박새도 떼를 지어 나뭇가지에 앉아서 쉰다.
일본어로 사람들이 떼 지어 늘어선 모습을 '메지로오시'라고 하는데,
나뭇가지에 떼 지어 앉은 동박새(메지로)의 모습에서 비롯된 말이다.

개똥지빠귀.
우리나라에서 겨울을 나기 위해
찾아온 겨울철새들도 너무 추우면
몸을 부풀린다.

그 모습이 워낙 귀여워서 인스타그램 같은 곳에 사진을 올리면 인기가
많다. 다른 새들도 몸을 부풀리는데, 직박구리가 동그래진 모습은 평소
와는 너무나 달라 때로는 비둘기로 오인받기도 한다.

또 새들끼리 다닥다닥 붙어서 몸을 녹이려고 할 때도 있다. 겨울에
동박새가 떼 지어 나무에 앉아 있는 것도 서로의 체온으로 함께 따뜻
해지려는 행동인지 모른다. 아무리 깃털이 있는 동물이라고 해도 겨울
은 역시 가혹한 계절이다. 새들도 다양한 방법으로 추위를 이겨내려 애
쓰고 있다.

생존을 위한 동거,
다른 종이라도 괜찮아!

새들은 기본적으로 봄부터 여름 사이에 한 쌍 단위로 새끼를 키운다. 콜로니colony라고 해서 집단으로 번식하는 종류도 있다.

번식이 무사히 끝나고 새끼들이 부모 곁을 떠나면 새들의 당면 과제는 다음 번식기까지 '생존'하는 것이다. 그래서 박새를 비롯한 박새과 새들, 오목눈이, 쇠딱따구리, 동박새 등은 번식이 끝나면 다른 종 새들과 뒤섞여 무리를 이룬다. 이렇게 무리를 이루면 먹이를 쉽게 찾을 수 있고(때로는 가로챌 수도 있고), 천적을 쉽게 알아차릴 수 있는(때로는 동료를 희생양 삼을 수 있는) 등 근사한 장점이 여러 가지 있다(단점도 있을지 모른다).

그해 기후 조건과 먹이 사정이 나빠질수록 작은 새들이 다른 종들과 무리를 짓는 경향이 강해진다고 한다. 새들도 이렇게 살아남기 위해 필사적이다. 자칫 마음에 들지 않는 다른 종과 어쩔 수 없이 어울려 지내야 할지도 모른다. 그러나 새를 관찰하는 사람으로서는 한꺼번에 여러 귀여운 새들을 볼 수 있어서 새들의 이런 습성이 그저 고맙기만 하다.

Parus minor

진박새

박새

동박새

곤줄박이

오목눈이

쇠딱따구리

**서로 다른 종끼리
무리를 지은 새들**

151

도심 불빛에 모여들어
잠을 자는 새들

건물의 틈새를 찾아내
집단으로 밤을 보내는 새들

역 앞의 상록수에 빽빽하게 앉아 있는
모습을 볼 수 있다.

겨울밤, 건물이 늘어선 도시의 역 앞, 대체로 새와는 인연이 없어 보이는 환경, 이 시간대에 크게 무리를 지어 오는 새가 있다. 때로는 몇 백 마리나 되는 새 떼가 몰려드니 퇴근길, 혹은 하굣길에 역 앞을 지나던 사람들도 놀라서 하늘을 올려다본다. 새들은 가로수나 건물 틈새, 광고판 주변에서 시끌벅적 밤을 보낸다. 사람이나 전철 소리로 소란스럽고, 네온사인과 건물의 불빛이 번쩍번쩍하는 역 앞에 왜 잠자리를 마련하려고 찾아올까?

아마도 까마귀나 맹금류, 뱀 같은 천적에게서 도망치기 위한 것으로 보인다. 일본에서는 백할미새의 이런 행동을 흔히 볼 수 있고, 최근 몇 년 사이에는 떼까마귀도 도시에서 크게 무리를 지어 잠자리에 드는 모습이 관찰되었다. 우리나라에서는 도심에서 백할미새 무리를 만나기는 쉽지 않고, 수원과 울산 도심에서 떼까마귀 수만 마리가 모여들어 잠을 잔 경우가 유명하다.

새들은 아침이 되면 또 뿔뿔이 흩어져서 저마다의 영역에서 먹이를 잡으며 보내다가 밤이 되면 다시 떼로 날아와서 잠자리에 든다. 백로류도 비슷한 패턴으로 낮에는 뿔뿔이 행동하지만 밤이 되면 한곳에 모여 집단으로 잠을 잔다. 한편 박새 같은 새는 거꾸로 가을에서 겨울 동안에 낮에는 다른 종 새들과 무리를 지어 지내다가 저녁이 되면 흩어져서 각각 다른 잠자리에서 휴식을 취한다.

새들이 V자 대열로
날아가는 이유는?

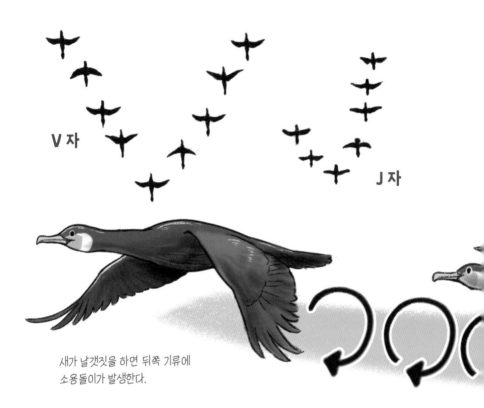

V 자

J 자

새가 날갯짓을 하면 뒤쪽 기류에
소용돌이가 발생한다.

V자를 이루며 이동하는 기러기의 행렬을 일컬어 '안항^{雁行}'이라고 한다
(남의 형제를 높여 이르는 안항이라는 말이 여기서 비롯되었는데 요즘은 잘
쓰지 않는다). 꼭 기러기가 아니어도 우리 주변에서 볼 수 있는 새들 가
운데 민물가마우지 같은 새도 떼를 지어 이렇게 날아가는 모습을 볼
수 있다. 왜 이런 대열을 짓는 걸까.

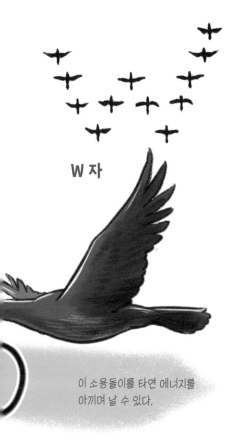

W 자

이 소용돌이를 타면 에너지를 아끼며 날 수 있다.

사실 새들의 비행에는 엄청난 에너지가 소비되고, 새들은 되도록 에너지를 아끼고 싶어 한다. 새가 날개를 파닥이면 뒤쪽으로 소용돌이치는 바람이 일어나는데, 뒤에서 나는 새가 그 소용돌이를 타면 양력을 이용해 스스로 세게 날갯짓하지 않고도 에너지를 아끼며 날 수 있다. 떼를 지어 나는 새들은 이 원리를 이용하려고 조금씩 뒤로 비스듬히 자리하게 되고, 결과적으로 자연스럽게 V자 대열이 만들어진다. 때로는 J자가 되기도 하고 W자가 되기도 한다. 상공의 대기 상태를 비롯한 여러 조건에 따라 형태가 좌우되는 것 같다.

한편 선두에 선 개체는 이용할 소용돌이가 없으니 좀 불쌍한 느낌이 든다. 그래서 하루에 1000km나 이동하는 캐나다기러기 같은 새는 번갈아 선두를 바꾸며 날아간다고 한다. 단독으로는 힘든 철새의 이동도 무리를 지어 힘을 합치면 가능해진다는 것을 새들은 이미 이해하고 있었는지 모른다.

머리 좋은 까마귀는
'놀이'를 한다?

빙글

빙글

전선에 매달려서 원을
그리듯 크게 돈다.

데굴

데굴

공놀이. 쪼기도 하고
차기도 한다.

새는 일반적으로 아침에 활발하게 움직이지만 번식기가 아니면 낮에
는 의외로 쉴 때가 많다. 거리의 큰부리까마귀는 아침에 쓰레기를 뒤져
배를 가득 채우고 나면 낮에는 여유가 있어선지 '놀이' 같은 행동을 한
다. 과학적으로 놀이라고 해도 될 지 알 수 없지만, 전선에 매달려 빙글
돌기도 하고 미끄럼틀을 타기도 하는 모습이 마치 놀이하는 아이 같다.
'야생동물'이라고 하면 하루하루가 생존 게임이고 24시간 내내 긴장의

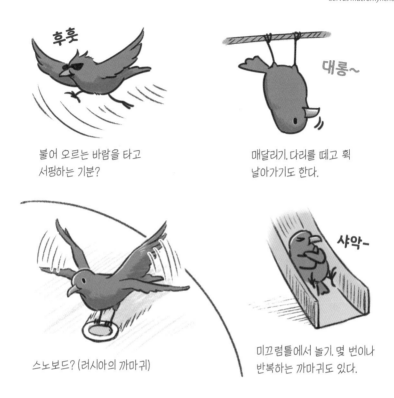

후홋

불어 오르는 바람을 타고
서핑하는 기분?

대롱~

매달리기. 다리를 떼고 휙
날아가기도 한다.

스노보드? (러시아의 까마귀)

샤악~

미끄럼틀에서 놀기. 몇 번이나
반복하는 까마귀도 있다.

연속…이라는 생각을 갖기 쉽지만, 놀고 있는 까마귀를 보면 뜻밖에도 여유 있게 지내는 것 같기도 하다.

까마귀는 조류 중에서도 특히 머리가 좋은 종족으로 알려져 있다. 호기심을 품고 여러 가지를 시도해보는 것, 즉 놀이는 머리가 좋은 생물이 아니고서는 불가능한 일이다. 그리고 놀이의 경험이 장래에 큰 환경 변화가 일어났을 때 도움이 될지도 모른다. 인간 세계에서도 놀기만 하면 불성실하다고 비난받기 일쑤지만 의외로 그런 사람이 누구도 생각지 못한 일을 이루거나 변화에 유연하게 대응해 살아남는 경우를 종종 본다.

거울 속 자신에게
싸움을 거는 새

도로 반사경에 비친 자신을
내쫓으려 한다.

딱새 수컷. 겨울에 쉽게 볼 수 있는 철새다.

자연과 사람 사이에서 일어나는 다툼의 하나로 새똥 문제가 있다. 차가 있는 사람은 어느 날 주차된 차의 사이드미러 부근이 새똥 범벅이 되어 분통이 터진 적이 있을지도 모른다. 으레 할미새류나 딱새 같은 새가 한 짓이지만 그들은 딱히 사람을 괴롭힐 작정으로 그러지는 않는다.

이런 새들은 번식기에 영역 의식이 강해져 주변의 침입자를 쫓아내

어디 갔지?

백할미새도 영역 의식이 강하다.

차의 사이드미러 부근이 새똥에
질척질척 젖어버리기도 한다.

비둘기는 조건에 따라서는
거울상 인지를 할 수 있다고 한다.

려 하는데, 자동차 사이드미러나 도로 반사경, 창유리 등에 비친 자기 모습조차도 적이라고 착각해서 공격한다. 자신과 싸우는 동안 거울 주변을 똥투성이로 만들고 마는 것이다.

거울에 비친 자신을 인식하는 것을 '거울상 인지'라고 한다. 이솝 우화를 보면 물에 비친 자기 모습을 알아보지 못해 물고 있던 고기를 놓친 개 이야기가 나오는데, 그것도 거울상 인지를 하지 못한 사례라고 할 수 있다. 새를 예로 들자면 비둘기와 까치는 거울상 인지를 할 수 있다고 한다.

가까이에 딱새나 백할미새가 있다면 주차 중인 차의 사이드미러는 접어두는 편이 좋을지도 모른다.

운 좋으면 동네에서도
희귀새를 만날 수 있다

황금새

일부러 먼 산자락까지 가지 않더라도 봄이나 가을, 철새가 도래하는 시기에 공원 같은 녹지에 가면 산지의 새를 볼 수도 있다. 대개는 며칠 안에 그 자리를 떠나지만 때로는 1주일쯤 머물기도 한다.

쉽게 보기 어려운 새를 예로 들자면 황금새가 있다. 우리나라에서는 봄과 가을에 남해안이나 서해안 도서지역에서 관찰되지만 도심 공원에서도 드물게 볼 수 있다. 목에서 배까지 이어지는 선명한 노란색이 신록과 잘 어우러지는 새다. 날씨가 좋은 날에는 지저귀는 노랫소리도 들을 수 있다. 운이 좋으면 큰유리새 같은, 생김새도 지저귐도 아름다

평야 지대의 녹지(공원 등)는
나그네새의 귀중한 휴식처다.

잠깐 쉬었다
가자

큰유리새

붉은가슴울새

긴꼬리딱새

여름 번식기에는 산지로 가야만 볼 수 있는 아름다운 새도 봄이나 가을의 이동
시기에는 평야 지대의 공원 같은 곳에서 볼 수 있다.

운 새를 볼 수 있을지도 모른다. 남해안과 제주도에서라면 긴꼬리딱새,
붉은가슴울새를 볼 수도 있다.

또 봄이나 가을에만 볼 수 있는 새도 있다. 예를 들어 쇠솔딱새, 갈색
제비가 그렇다. 이 새들은 여름철새, 겨울철새와는 다른 나그네새(또는
통과철새)라고 불리는 종이다. 나그네새에게 우리나라는 긴 이동을 하
다가 잠시 쉬어가는 중간기착지라고 할 수 있다. 번식하거나 겨울을 나
는 장소가 아니라 지나는 길에 들르는 곳, 잠깐의 휴식 장소다. 이런 새
를 볼 수 있는 기간은 짧아서 어쩌다가 만나면 살짝 득을 본 기분이 들
기도 한다.

쌍안경 선택과 사용법

새 관찰에 재미를 붙이면 쌍안경을 갖고 싶어진다. 회사나 학교를 오가는 길에 보는 용도라면 휴대가 간편한 소형 쌍안경이 알맞다. 요즘은 소형도 시야가 넓고 밝게 보이는 기종이 나와 있다. 배율이 높다고 무조건 좋지만도 않아서 주변의 새를 관찰하는 용도라면 8배 정도로 충분하다. 배율이 높아지면 일반적으로 시야가 좁아지고 어두워지므로 초보자가 다루기 어렵다. 가격도 처음에는 10만~20만 원 선에서 장만할 것을 권한다. 오페라글라스가 있다면 시험 삼아 그것으로 먼저 새를 관찰해보아도 좋다.

쌍안경에는 빠짐없이 목줄이 붙어 있다. 약간의 충격으로도 쉽게 고장 나는 섬세한 광학 기계이므로 떨어뜨리거나 어디 부딪치지 않도록 꼭 목에 걸어서 사용하자. 좌우 시력이 다른 사람은 처음 사용할 때 '시도 조정'을 해놓아야 한다(시도 조정 방법은 기종을 참조하라). 안경을 쓰지 않은 사람은 접안부의 아이컵을 자기 쪽으로 꺼내서 렌즈를 들여다보면 보기가 더 쉽다.

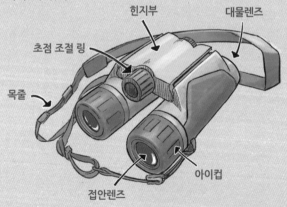

힌지부 대물렌즈

초점 조절 링

목줄

접안렌즈 아이컵

쌍안경 사용법

1. 육안으로 새를 확인한다.

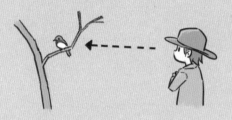

2. 시선은 그대로 둔 채 쌍안경을 눈에 가져다 댄다.

3. 조절 링으로 초점을 맞춘다(시선은 그대로).

왼쪽으로 돌리면
바로 앞에 초점이
맞는다.

오른쪽으로 돌리면
더 먼 쪽에 초점이 맞는다.

쌍안경의 눈 간격은 시야
가 한 개의 동그라미로
겹쳐지도록 조절한다.

쌍안경으로 태양을 절대 들여다보지 않
는다. 망막이 손상될 위험성이 있다. 또
주택가라면 괜히 훔쳐본다는 의심을 사
지 않도록 다른 집 창문 쪽으로는 쌍안
경을 향하게 하지 않는다.

새의 부리,
사람이 쓰는 도구에 비유한다면?

황금새

핀셋처럼 가느다란 부리로
나무 안에 있는 작은 벌레를 잡을 수 있다.

부록만화

이럴 땐 어떻게 하나요?

가까이 사는 새들과 잘 지내려면

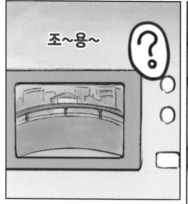

조~용~

?

철컥

안녕하세요

제비입니다

요전에 구해주신

탕

철컥

167

봄이 되니 이상한 사람이 늘었네. 이따 경찰에 신고해야지

어째서 인터폰에 안 비쳤을까 …

뭐, 됐어

드르럭

베란다 청소나 계속하자

헥헥

제빕니다!!

그때 구해 주신

콜록
제비를 구한 기억은 없는데…

정확히 말씀드리자면 구해주신 건 제 자식들입니다.

이 건물 입구에 제비 둥지가 있죠?

삐—
삐—

사실은 불평하는 사람이 많아서 철거될 뻔했습니다만…

밑을 지나가질 못 하겠네

더럽게 여기다가 똥을

선생님이 똥받이를 설치해주신 덕분에

철거되지 않고 끝났죠.

삐— 삐—

아,

그거–

콜록

딱히 구조하려고 한 것도 아니고

더러운 게 싫었을 뿐인데…

뭔가 제가 할수 있는 일이 없을까요?

갚는다고 들었습니다.

옛말에 인간이 구해준 새는 사람으로 둔갑해서 은혜를

콜록 좋아요

그러면 꼭 부탁드리고 싶은게 있네요.

좀 나가주실래요?

제가 새 알레르기가 있거든요.

탁

철컥

170

제비 둥지가 있는 것은 사람에게 좋은 일이다

제비는 예로부터 길조로 사랑받아온 새다. 새똥이 더럽다는 이유로 둥지를 철거당하기도 하지만, 제비는 도시에서 멸구나 파리 같은 해충을 잡아주는 고마운 존재이기도 하다. 부모 새는 새끼를 키우기 위해 한 마리당 2000마리나 되는 곤충을 사냥한다고 한다. 한편으로 건물 양식이 현대화되면서 제비 개체수가 줄어들고 있다는 말도 나온다. 제비는 사람 곁에서만 둥지를 짓는다. 우리 자신을 위해서도 제비와 사이좋게 공존할 수 있도록 노력해야 하지 않을까.

제비 똥이 문제라면

사람이 많이 오가는 장소에 제비 둥지가 생겨서 곤란하다면 상자나 두꺼운 종이로 똥받이를 만들어 둥지 밑에 설치하자. 그러면 둥지를 철거하지 않고도 문제가 해결된다. 통행인의 환경 의식을 높이는 효과도 기대할 만하다.
똥받이가 둥지에 너무 가까이 있으면 위생에 나쁠 뿐 아니라 천적의 발판이 되어버린다. 기준은 없지만 50cm 정도는 떨어뜨리는 것이 좋을 듯하다.

벽
설치형

매달기
형

바닥
설치형

제비 둥지가 떨어져버렸다면

제비 둥지가 허물어질 때도 있다. 이럴 때는 바구니나 컵라면 용기에 둥지 재료를 넣어 재설치하는 방법을 많이 쓴다.
알이나 새끼가 있는 둥지를 망가뜨리면 야생생물 보호 및 관리에 관한 법률(야생생물법) 등 관련 법령에 저촉될 수 있으니 주의하자.

왕뚜껑

2. 비둘기가 끈질겨서 곤란할 때는?

비둘기가 자꾸 와서 곤란할 때는?

어딘지 모르게 시치미 뚝 뗀 얼굴로 미워할 수 없는 비둘기지만, 베란다에 똥을 싸거나 둥지를 지어버렸다면 못 견디게 밉살맞은 존재가 될지도 모른다. 집비둘기는 귀소 본능이 강해서인지 일단 마음에 든 장소를 끈질기게 다시 찾는다. 똥을 싼 자리는 깨끗이 청소해 놓지 않으면 기어이 다시 찾아오고 만다. 일단 둥지를 짓고 나면 철거해도 끈질기게 찾아와서 다시 둥지를 만들기도 한다. 이제 막 둥지를 짓기 시작한 단계라면 철저히 똥을 치우고 물건을 놓지 못하도록 하면 효과적이다. 피해가 심각해진 단계에 이르면 새를 쫓아내는 제품을 사거나 업자에게 의뢰하는 것도 검토해볼 만하다.

새똥은
미지근한 물로 불려서
낡은 신문지나
키친타월 등으로
닦아낸다.

새똥을 닦아낸
다음에는
소독한다.

집비둘기는
'하늘을 나는 쥐'라고
불리는 만큼 병원균이
있을 가능성도 있다.

비둘기에게 먹이를 주지 말자. 비둘기가 늘어나거나 정착하는 원인이 되어 이웃 주민도 불행해지고 만다.

빠른 시기에 대책을 세우지 않으면…
알을 낳거나 새끼가 부화하고 나서 섣불리 쫓아내려고 하면 야생생물법에 저촉될 가능성도 있고, 비용이나 수고도 만만치 않게 든다.

3. 새 충돌 사고 - 버드 스트라이크(bird strike)

생명엔 지장이 없는 모양이에요.

새를 진료하는 동물병원으로 옮겼어요.

다행이다

고마워

푸드덕

왜 창에 충돌했을까?

새란 동물은 나는데 명수 아닌가?

반대로 창이 투명하니 빠져나갈 수 있을 것 같아서 충돌해 버리기도 하죠.

풍경이 반사되어 보이기도 하고

막을 방법이 뭐 없을까?

이런 게 있어요.

뒤적뒤적

착-

버드 세이버라고 해요.

이런 스티커가 있었구나.

버드 스트라이크를 막아줍니다.

···

물끄럼···

앗

새를 싫어하시는데 그만··· 이런 스티커도 싫으시죠?

죄송합니다

아냐

올빼미

매

네?

맹금류는 꽤 좋아해

오싹

새가 너무 많아지지 않도록 먹어주니까

178

버드 스트라이크란?

새가 인공물과 충돌하는 사고를 가리킨다. 항공기에 충돌하는 문제가 자칫 큰 사고로 번지기 쉬워 유명하지만 건물 창문이나 풍차 등과 충돌하는 일도 많아서 사실 주변에서 흔히 일어날 수 있는 일이다. 새가 자주 지나다니는 길에 투명한 유리나 풍경이 반사되는 거울면 유리 등이 있으면 충돌 사고가 일어나기 쉽다.

풍경이 반사되어 비친다.

버드 스트라이크가 일어나기 쉬운 창문의 예

버드 세이버

버드 스트라이크를 막는 수단의 하나로 버드 세이버라는 스티커가 있다. 보통은 시중에서 맹금류 모양 스티커를 낱장으로 판다. 그런데 이런 스티커를 한두 장 붙이는 것만으로는 대부분 사고를 예방하기 어렵다. 좁은 터널도 잘만 통과하는 새들의 습성상 주변 빈 공간으로 파고들다가 충돌하는 사고가 계속 발생하기 때문이다. 스티커 모양보다는 빈 공간이 없도록 붙이는 것이 중요하다. 이에 환경부는 몇 해 전부터 '5×10 규칙'을 강조한 새로운 조류 충돌방지 스티커 부착 캠페인을 대대적으로 벌이고 있는데, 새들이 비행을 시도하지 않는 높이 5cm, 폭 10cm 간격으로 유리창에 점 스티커를 연속 부착하는 방식을 말한다. 가정에서는 빗물에 지워지지 않는 유성매직이나 물감으로 점을 찍거나 그림을 그려도 효과를 볼 수 있다.

주의!
맹금류
스티커
만으로는
안 된다

벽이 있군.

우와, 맹금류다!

실루엣만으로도 벽이 있다고 인식시킬 수 있다.

맹금류 그림으로 작은 새를 놀라게 한다.

4. 다친 새를 보았다면?

선생님은 새를 싫어하시면서 …

응?

왜 참새를 구해 주셨죠?

혹시 뭐 새침데기, 그런 성격이신가요?

아니라고

좋고 싫고 그런 거랑 상관없이

인간 탓에 다친 거니까

인간이 도와주는 게 당연하지.

앗 전화 왔다.

새와 사람은 같은 세계에서 사는 생물

서로 폐를 끼치고 말썽을 빚는 일도 있지만

이제 곧 가을이네…

공생의
길이
있을지
모른다.

푸드덕

제비 씨
요전에
구한
참새

건강
해져서

놓아
줬대

어라?

제비 씨

은혜 갚기 치고는
이상했지만

꽤 즐거웠어.

주변에 다친 새가 있다면

버드 스트라이크나 교통사고 등 사람의 활동이 원인이 되어 야생조류가 다치는 일이 종종 발생한다. 다친 새를 발견하고 어떻게 해야 할지 몰라 당황스러울 때는 먼저 자치단체의 환경과나 야생동물구조관리센터 등 담당 부서에 연락해보자. 대응 방법과 다친 새를 받아주는 곳 등을 알려줄 것이다. 전국에 다친 새를 구조하고 보호하는 시설도 있고 개인이 진찰, 치료하는 동물병원도 있다. 다만 일반 동물병원에서는 대체로 야생조류를 다루지 않으므로 주의하자.

둥지를 망가뜨리고 말았다.

차에 치이고 말았다.

사람 탓에 부모 새가 새끼를 두고 도망쳐버린 사례

상처는 없지만 생각하기에 따라서는 보호가 필요하다고 판단되는 사례도 있다.

우리 집 고양이가 새를 덮치고 말았다.

야생생물과 관련한 법률에 주의할 것

설령 사람의 활동이 원인이 되어 다친 새를 구조하려 할 때도 새를 멋대로 포획하면 야생생물의 보호와 관리에 관한 법률을 위반하게 될지 모른다. 긴급히 보호해야 할 상황이었다 하더라도 나중에 반드시 자치단체의 담당 부서에 연락하자.

먼저 자치단체나 구조 시설에 연락하는 것이 원칙

새를 만질 때는

다친 새를 구조하려다 보면 어쩔 수 없이 손으로 만져야 할 때도 있다. 그러나 새로서는 사람 손을 타는 것이 매우 큰 스트레스다. 되도록 목장갑이나 수건을 사용해 부드럽게 만지되 접촉 시간은 최소한으로 줄이자. 최악의 경우, 새를 살리려고 붙잡았다가 쇼크로 돌연사해버릴 때도 있다. 또 야생에 사는 새들은 다양한 균이나 바이러스를 가지고 있다. 자신의 안전을 위해서라도 새를 만지고 나면 꼭 손을 씻자.

도우려다 죽이고 만 사례
(포획 근병증, capture myopathy)

※ 붙잡혔을 때의 격심한 스트레스로 혈중 아드레날린 농도가 치솟고 근육에 장애가 생긴다. 이런 병증으로 야생동물, 특히 새가 급사하기도 한다.

꼴까닥
이제 난 틀렸어

다친 새를 운반할 때는 골판지 상자가 편리하다

상자는 되도록 새의 크기에 맞는 것을 고르자.
※ 크기가 맞지 않으면 안에서 다친 새가 구를 수도 있고, 보온 효율도 떨어진다.

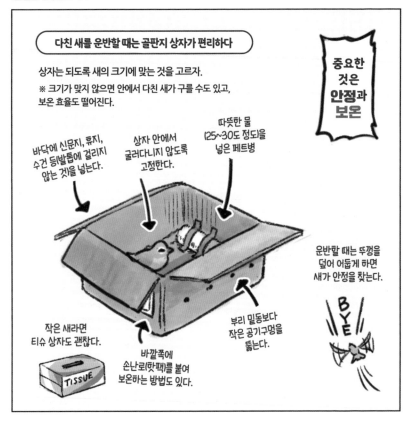

중요한 것은 안정과 보온

바닥에 신문지, 휴지, 수건 등 발톱에 걸리지 않는 것을 넣는다.

상자 안에서 굴러다니지 않도록 고정한다.

따뜻한 물 (25~30도 정도)을 넣은 페트병

운반할 때는 뚜껑을 덮어 어둡게 하면 새가 안정을 찾는다.

작은 새라면 티슈 상자도 괜찮다.

바깥쪽에 손난로(핫팩)를 붙여 보온하는 방법도 있다.

부리 밑동보다 작은 공기구멍을 뚫는다.

TISSUE

BYE

잘못 구조하지 않도록 주의할 것

새들의 번식기인 봄부터 여름 동안은 막 둥지를 떠나 잘 날지 못하는 새끼 새를 보고 쇠약해 보인다거나 부모가 없는 것 같다고 오인해 잘못 구조함으로써 자연 생태계에 괜히 끼어드는 사례가 자주 발생한다. 그래서 탐조 모임 같은 곳에서도 봄이 되면 "새끼 새를 줍지 마세요"라는 캠페인을 하며 주의를 환기하고 있지만 여전히 잘못 알고 구조하는 일이 많다. 사람 눈에는 보이지 않더라도 대개는 조금 떨어진 곳에서 부모 새가 지켜보고 있다. 선의로 새를 '유괴'하는 일이 없도록 둥지를 떠난 새끼 새에게는 섣불리 손을 내밀지 않고 지켜보는 것이 좋다.

막 둥지를 떠난 새는 아직 한 마리 몫을 하지 못한다.

먹이 잡는 법도 익힌다.

나는 연습도 하고

새끼 새의 특징

둥지를 막 떠난 새끼 새는 사람을 향한 경계심이 옅고, 길 한가운데에 발견되기도 한다. 치이거나 밟힐 우려가 있을 때는 가까운 덤불 같은 곳으로 옮겨놓아도 괜찮다. 조금 이동해도 부모 새는 울음소리로 새끼 새의 위치를 알 수 있다.

둥지를 떠난 새끼 새

종류에 따라 다르지만 다 자란 성조보다 색이 옅은 개체가 많다.

꼬리깃이 짧다.

아직 제대로 서 있지 못할 때가 많다.

둥지 속 새끼 새

성조

마지막까지 읽어주셔서 감사합니다. 이 책을 지은 이치니치 잇슈一日一種입니다. '하루에 한 종'이란 뜻의 이상한 이름이지만 어디까지나 필명입니다. 제 필명을 부르려다 혀가 꼬이는 분을 보면 늘 면목이 없습니다. 죄송합니다.

그나저나 최근에는 다양한 생물을 다룬 책이 유행하고 있고, 새를 다룬 책도 어찌나 많은지 일일이 셀 수가 없습니다. 그렇게 많은 책 가운데 이 책을 선택해주셔서 거듭 감사의 인사 올립니다.

이 책은 새 중에서도 우리 주변에서 볼 수 있는 종류를 골라 재미있는 생태를 소개하고 있습니다. 지금은 편리한 시대이므로 텔레비전이나 인터넷 동영상으로 멀리 떨어진 곳에 사는 생물의 모습도 살펴볼 수 있습니다. 저 역시 그런 프로그램이나 동영상을 많이 보면서 세계의 다양한 생물을 알아두면 좋다고 생각합니다.

한편으로 친근하면서도 수수하고 소박한 주변의 생물에는 좀처럼 눈을 돌리지 않는 게 아닐까 하고 생각했습니다. 너무 친근하다 보니 굳이 자세히 들여다볼 가치가 없다고 넘겨짚는지도 모르지요. 하지만 그런 생물도 하나하나 잘 살펴보면 흥미로운 점이 잔뜩 있습니다. 그리고 실제로 내 눈과 귀로 실물의 생물을 관찰하고 생각지도 못한 발견을 맞닥뜨렸을 때는 텔레비전이나 인터넷에서 그 생물을 보았을 때보다 한결 감동이 큽니다.

이 책을 다 읽고 나면 분명히 우리 곁에 사는 친근한 새들에 대한 '깨달음'이 늘어나리라 생각합니다. 여러분이 새를 좀 더 관찰하고 싶다, 새와 공생해 갈 수 있으면 좋겠다고 생각하는 데 이 책이 조금이라도 도움이 된다면 저자로서 더 큰 기쁨도 없겠습니다.

저 또한 아직 모르는 게 잔뜩 있습니다. 새 관찰은 앞으로도 계속해 나가고 싶습니다. 언젠가 여러분과 현장에서 만날 날을 기대합니다.

그러면 또 뵙겠습니다. 고맙습니다.

参考文献

叶内拓哉/著『野鳥と木の実と庭づくり　木の実と楽しむ、バードライフ』（文一総合出版, 2016年）

秋山幸也・神戸宇孝/著『はじめよう！バードウォッチング』（文一総合出版, 2014年）

細川博昭/著『知っているようで知らない鳥の話』（SBクリエイティブ,2017年）

谷口高司・谷口りつこ/著『大人のためのバードウォッチング入門』（東洋館出版社,2009年）

箕輪 義隆/著『鳥のフィールドサイン観察ガイド』（文一総合出版, 2016年）

唐沢孝一/著『カラー版　身近な鳥のすごい食生活』（イースト・プレス, 2020年）

細川博昭/著『身近な鳥のすごい事典』（イースト・プレス, 2018年）

藤田祐樹/著『ハトはなぜ首を振って歩くのか』（岩波書店, 2015年）

中川雄三/文・写真・絵『水中さつえい大作戦(たくさんのふしぎ傑作集)』（福音館書店, 2014年）

成島悦雄/監修、ネイチャー・プロ編集室/編・著『動物のちえ 1 食べるちえ』（偕成社, 2013年）

成島悦雄/監修、ネイチャー・プロ編集室/編・著『動物のちえ 3 育てるちえ』（偕成社, 2014年）

松原 始/著『カラスの教科書』（雷鳥社, 2013年）

北村 亘/著『ツバメの謎　ツバメの繁殖行動は進化する!?』（誠文堂新光社, 2015年）

三上 修/著『スズメ　つかず・はなれず・二千年』（岩波書店, 2013年）

ピッキオ/編著『改訂版　鳥のおもしろ私生活』（主婦と生活社, 2013年）

蒲谷鶴彦/著、松田道生/文『日本野鳥大鑑』（小学館, 2001年）

松田道生/著、中村 文/絵『鳥はなぜ鳴く？ ―ホーホケキョの科学―』(理論社, 2019年)

樋口広芳/監修、石田光史/著『ぱっと見わけ観察を楽しむ 野鳥図鑑』(ナツメ社, 2015年)

日本野鳥の会『バードウォッチング健康法～鳥を見て体と心を癒す～』(2020年)※小冊子

日本野鳥の会『ヒナとの関わり方がわかるハンドブック』(2013年)※小冊子

MIDIKANA 「TORI」 NO IKIZAMA JITEN
Copyright ⓒ 2021 by ICHINICHI ITSUSH
All rights reserved.
Original Japanese edition published by SB Creative Corp.
Korean translation rights ⓒ2022 by KINDSbook
Korean translation rights arranged with SB Creative Corp., Tokyo
through EntersKorea Co., Ltd. Seoul, Korea

동네에서 만난 새

초판 1쇄 발행 2022년 2월 1일
　　4쇄 발행 2025년 1월 2일

지은이	이치니치 잇슈
옮긴이	전선영
감수	박진영

펴낸이	박희선
편집	박희선, 이수빈
디자인	디자인 잔

발행처	도서출판 가지
등록번호	제25100-2013-000094호
주소	서울 서대문구 거북골로 154, 103-1001
전화	070-8959-1513
팩스	070-4332-1513
전자우편	kindsbook@naver.com
블로그	www.kindsbook.blog.me
페이스북	www.facebook.com/kindsbook
인스타그램	www.instagram.com/kindsbook

ISBN	979-11-86440-74-2 (03490)